# 作物施肥基本原理及应用

迟春明　柳维扬 ◎ 著

西南交通大学出版社
·成　都·

**图书在版编目（ＣＩＰ）数据**

作物施肥基本原理及应用 / 迟春明，柳维扬著. —
成都：西南交通大学出版社，2018.2（2020.7 重印）
ISBN 978-7-5643-5991-1

Ⅰ. ①作… Ⅱ. ①迟… ②柳… Ⅲ. ①作物 – 施肥
Ⅳ. ①S147.2

中国版本图书馆 CIP 数据核字（2017）第 321100 号

**作物施肥基本原理及应用**

迟春明　柳维扬　著

| | |
|---|---|
| 责 任 编 辑 | 柳堰龙 |
| 助 理 编 辑 | 黄冠宇 |
| 封 面 设 计 | 何东琳设计工作室 |
| 出 版 发 行 | 西南交通大学出版社 |
| | （四川省成都市二环路北一段 111 号 |
| | 西南交通大学创新大厦 21 楼） |
| 发行部电话 | 028-87600564　028-87600533 |
| 邮 政 编 码 | 610031 |
| 网　　　址 | http://www.xnjdcbs.com |
| 印　　　刷 | 四川煤田地质制图印刷厂 |
| 成 品 尺 寸 | 170mm×230 mm |
| 印　　　张 | 6 |
| 字　　　数 | 86 千 |
| 版　　　次 | 2018 年 2 月第 1 版 |
| 印　　　次 | 2020 年 7 月第 2 次 |
| 书　　　号 | ISBN 978-7-5643-5991-1 |
| 定　　　价 | 36.00 元 |

# 前　言

　　粮食安全问题是我国社会发展面临的重要挑战之一。为了实现粮食高产，必须进行合理施肥。本书针对这一问题进行了深入探讨。全书共五章。第一章针对现阶段普遍使用的肥料利用率问题进行了分析，揭示了使用肥料利用率这一概念可能引发的错误，论证了其产生错误的原因，提出了养分有效率的概念，验证了其正确性。第二章从养分归还学说的本质出发，分析了作物施肥的目的即保持土壤肥力，阐明了作物养分吸收量、作物产量、土壤养分收支状况随施肥量增加的变化规律，即土壤养分吸收量和作物产量随施肥量的逐渐增加先升高后降低，当作物养分吸收量等于施肥量时，作物产量达到最高，土壤养分收支平衡，因此，从生态平衡即土壤养分收支平衡的角度而言，最佳的作物施肥量应该为最高产量对应的需肥量即最高产量施肥量。第三章进一步验证作物最佳经济产量等于最高产量，而最佳经济产量施肥量与最高产量施肥量相差很小，其二者对应的效益比是相同的，因此，最佳经济施肥量与最高产量施肥量是统一的，而最高产量施肥量与生态平衡施肥量是统一的，因此，高产、高效、生态平衡三位一体施肥量是正确的。第四章从限制因子律的角度进行分析，指出在矿物质营养能够有效供给的情况下，土壤养分状况已经不是限制作物高产的首要因素，土壤理化限制已经成为影响作物高产的关键因素，因此，合理地进行土壤培肥，改善土壤物理和化学性质，解除影响作物高产的限制因素是提高作物产量的必然选择；第五章以氮肥为例，将本书论述分析的作物施肥基本原理应用于棉花生产实践，相关结果表明本书论述分析的作物施肥基本原理是正确的、在生产实践中是可行的。

本书是国家重点研发项目（2016FYC0501400）专题（2016FYC0501407-02）"盐碱地棉花提质增效产业模式研究"相关研究成果的总结，并受其资助出版。同时，本书出版还受到国家自然科学基金（31371582）的资助，作者在此表示感谢！

因作者水平有限，书中难免存在缺点和疏漏，恳请读者批评指正。

作 者

2017 年 10 月

# 目　录

# 第一章

# 养分归还学说应用的误区——肥料利用率问题

## 一、问题提出与分析

养分归还学说是德国化学家李比希（J. V. Liebig）在《化学在农业及生理学的应用》一书中提出的观点，其核心内容是（陆欣和谢英荷，2011）：作物生长需要从土壤吸收矿物质养分，作物收获必然从土壤带走矿物质营养，长此以往必然导致土壤肥力下降，使土壤变得贫瘠；为了保持土壤肥力不降低，需要通过施肥的方法归还作物生长从土壤带走的养分。

为了科学合理地归还作物带走的矿物质养分，首先需要确定作物带走的养分数量，然后确定施肥量。目前，常用的施肥量计算公式为：

$$X = \frac{\omega_1 - \omega_2}{\varepsilon} \qquad\qquad 1\text{-}1$$

式中，$X$ 为施肥量（kg/hm$^2$），$\omega_1$ 为施肥区域作物养分吸收量（kg/hm$^2$），$\omega_2$ 为土壤基础供肥量（kg/hm$^2$），即未施肥区域作物养分吸收量，$\varepsilon$ 为肥料利用率，即作物从肥料中吸收的养分数量占肥料中总养分数量的百分比。

在式 1-1 中，养分吸收量可以通过作物产量与单位产量养分吸收量的乘积获得。而产量和单位产量养分吸收量可以通过试验获得，并且，现在许多作物的单位产量养分吸收量数据可以通过查阅文献资料获取。因此，实践生产过程中，确定肥料利用率是计算合理施肥量的关键影响因素。因此，我国土壤肥料与植物营养相关研究中非常注重肥料利用率的研究。由于我国早期相关研究结果普遍认为国内的肥料利用率显著低于欧美发达国家，而肥料利用率偏低可能会导致土壤养分流失，即浪费资源又容易引起环境污染。因此，提高肥料利用率是我国作物施肥方面相关研究关注的重点目标之一。

然而，深入分析肥料利用率与施肥量间的关系会发现：提高肥料利用率的问题有待商榷。

肥料利用率计算公式为：

$$\varepsilon = \frac{\omega_1 - \omega_2}{X} \tag{1-2}$$

其中，$\omega_1$ 计算公式为：

$$\omega_1 = kY_1 \tag{1-3}$$

式中，$\omega_1$ 为施肥区域作物养分吸收量（kg/hm$^2$），$k$ 为单位作物产量的养分吸收量（kg/kg），$Y_1$ 为施肥区域作物产量（kg/hm$^2$）。

作物产量与施肥量的关系如图 1-1 所示，二者间的关系曲线一般为一元二次方程：

$$Y_1 = aX^2 + bX + c \tag{1-4}$$

式中，$Y_1$ 为施肥区域作物产量（kg/hm$^2$），$a$、$b$、$c$ 为经验常数，其中 $a$ 为小于零的负数，$b$ 为正数，$c$ 等于土壤不施肥时的作物产量，称之为基础产量。

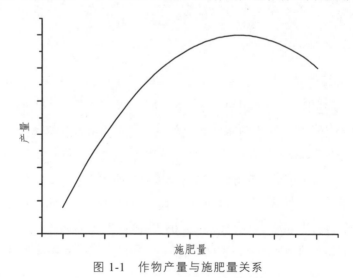

图 1-1　作物产量与施肥量关系

联合公式 1-3 和 1-4 得：

$$\omega_1 = k\left(aX^2 + bX + c\right) \tag{1-5}$$

方程 1-2 中的 $\omega_2$ 的计算公式为：

$$\omega_2 = kY_B \tag{1-6}$$

式中，$Y_B$ 为基础产量（kg/hm²），由于方程 1-4 中的参数 $c$ 即基础产量，因此，$c = Y_B$。所以，土壤供肥量 $\omega_2$ 可表示为：

$$\omega_2 = k \times c \tag{1-7}$$

联合方程 1-2、1-5 和 1-7 得

$$\varepsilon = \frac{k\left(aX^2 + bX + c\right) - k \times c}{X} \tag{1-8}$$

即

$$\varepsilon = k\left(aX + b\right) \tag{1-9}$$

式中，$k$ 为正数，$a$ 为负数，$b$ 为正数，因此，肥料利用率（$\varepsilon$）随施肥量（$X$）的升高而降低，即 $\varepsilon$ 为 $X$ 的减函数（如图 1-2 所示）。

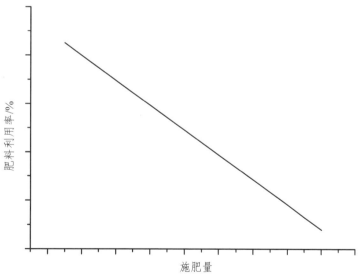

图 1-2　施肥量与肥料利用率关系

因此，在实践生产中肥料利用率随施肥量的增加而降低。即，提高肥料利用效率最好的方法就是降低施肥量，但是，在未达到最高产量前，降

低施肥量会导致产量下降，因此，按公式 1-2 的计算方法，实现高产与提高肥料利用效率间是相互矛盾的，而高产是农业生产永恒不变的主题，所以，提高肥料利用率的问题还有待商榷。

## 二、实例分析

为了详细验证肥料利用率与施肥量的关系，本文使用氮、磷、钾 3 种肥料在棉花、小麦、玉米和水稻 4 种作物上的肥料利用率数据，分析肥料利用率随施肥量增加的变化情况。之所以选择氮、磷、钾 3 种肥料，是因为三者是作物生长发育过程中需求量最大的 3 种矿物质营养元素，被称为肥料三要素。

### 1. 氮肥利用率与施肥量关系

棉花、小麦、玉米和水稻 4 种作物的氮肥利用率与施肥量的关系分别如图 1-3-1、图 1-3-2、图 1-3-3 和图 1-3-4 所示。

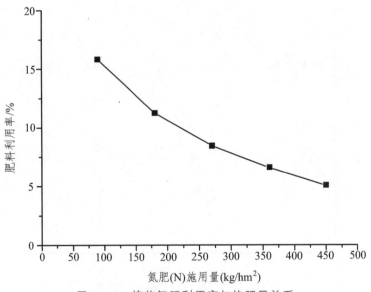

图 1-3-1　棉花氮肥利用率与施肥量关系

注：图中数据引自李鹏程等《施氮量对棉花功能叶片生理特性、氮素利用效率及产量的影响》，2015

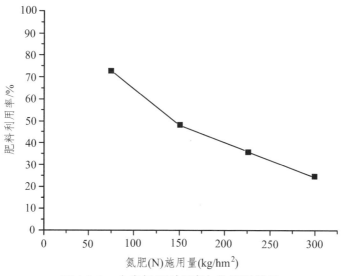

图 1-3-2　小麦氮肥利用率与施肥量关系

注：图中数据引自詹其厚等《氮肥对小麦产量和品质的影响及其肥效研究》，2003

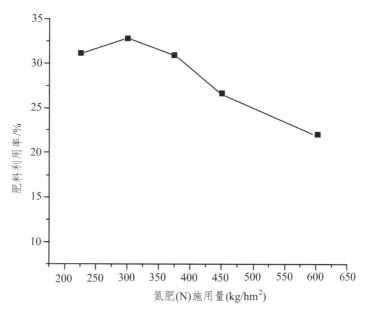

图 1-3-3　玉米氮肥利用率与施肥量关系

注：图中数据引自赵靓等《氮肥用量对玉米产量和养分吸收的影响》，2014

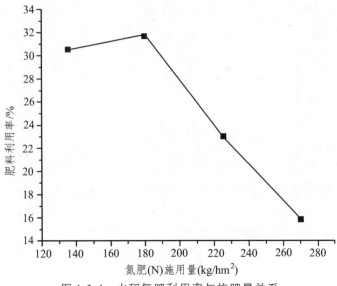

图 1-3-4　水稻氮肥利用率与施肥量关系

注：图中数据引自曾勇军等《施氮量对高产早稻氮素利用特征及产量形成的影响》，2008

　　由上述 4 图可知，总体而言，氮肥利用率随施肥量的增加而降低。其中，玉米和水稻的氮肥利用率是先略微升高然后降低的规律。即，就玉米而言在施肥量为 225 kg/hm² 和 300 kg/hm² 时氮肥利用率分别为 31.07% 和 32.81%，水稻在施肥量为 135 kg/hm² 和 180 kg/hm² 时氮肥利用率分别为 30.5% 和 31.8%。这应该是与试验测定的产量误差有关，即玉米和水稻在 300 kg/hm² 和 180 kg/hm² 时的产量略有偏低而导致氮肥利用率有所升高。

　　由图 1-3-1、图 1-3-2、图 1-3-3 和图 1-3-4 可知，小麦、棉花、玉米和水稻的氮肥利用率相差很大，总体变化区间在 5% ~ 73% 之间。导致不同作物肥料利用率产生巨大变化的原因是肥料利用率的计算公式存在错误，即公式中减掉了土壤供肥量。而实际上，施入土壤的肥料在当季没有被作物吸收的情况下会保留在土壤当中，起到了培肥土壤的效果，使土壤供肥量不断提升。因此，在土壤供肥量越高的情况下，肥料利用率越低。即按照方程 1-2 进行计算，土壤不施肥时基础肥力越低，肥料利用率越高，也就是说不需要进行土壤培肥。这显然是不正确的。

## 2. 磷肥利用率与施肥量关系

棉花、小麦、玉米和水稻 4 种作物的磷肥利用率与施肥量的关系分别如图 1-4-1、图 1-4-2、图 1-4-3 和图 1-4-4 所示。

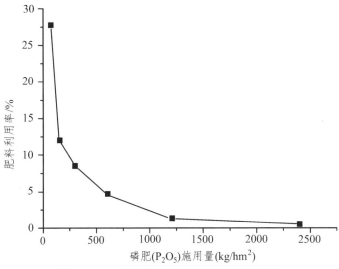

图 1-4-1　棉花磷肥利用率与施肥量关系

注：图中数据引自陈波浪等《磷肥种类和用量对土壤磷素有效性和棉花产量的影响》，2010

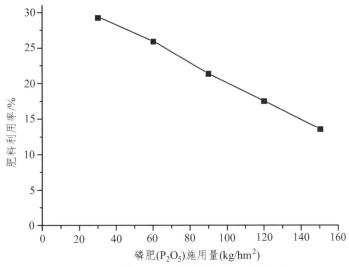

图 1-4-2　小麦磷肥利用率与施肥量关系

注：图中数据引自张麦生等《新乡市优质小麦施用磷肥对产量新乡市优质小麦施用磷肥对产量》，2004

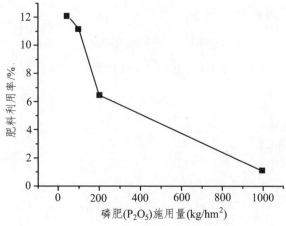

图 1-4-3　玉米磷肥利用率与施肥量关系

注：图中数据引自张立花等《施磷对玉米吸磷量、产量和土壤磷含量的影响及其相关性》，2013

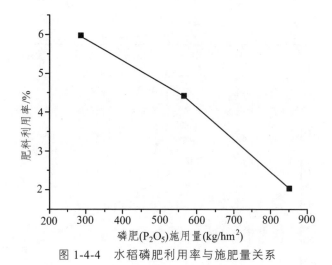

图 1-4-4　水稻磷肥利用率与施肥量关系

注：图中数据引自周磅和文芬《不同氮、磷、钾肥施用量对水稻产量的影响》，2012

　　由图 1-4 的 4 副图可知，棉花、小麦、玉米和水稻磷肥利用率随磷肥施用量的增加而逐渐降低。尤其是图 1-4-1 中，磷肥利用率最低值为 0.565 5%。其原因是此时的磷肥施用量过高，达到了 2 400 kg/hm$^2$，远远超出了棉花的实际需求量。同样，由图 1-4-3 和图 1-4-4 可知，这两个试验中的磷肥最高施用量分别达到了 1 000 kg/hm$^2$ 和 850 kg/hm$^2$。这反映出我国可能存在的磷肥使用过量的问题。其原因可能是土壤对磷素的固定率较高，因此，在生产实践或试验中为了提高磷素吸收的绝对数量而加大磷肥的施用量。

磷肥用量的加大，导致的直接后果就是根据公式 1-2 计算的肥料利用率进一步降低，而肥料利用率进一步降低，进一步加剧人们认为磷肥的有效性低，不利于作物的吸收，因此，为了增加磷素吸收的绝对数量，有进一步增加磷肥的施用量。这样就陷入了一个恶性循环。

因此，根据公式 1-2 计算的肥料利用率无法正确指导生产实践。因为根据该公式的计算，无法给出确切的合理的肥料利用率数值。目前，有关研究普遍认为我国的肥料利用率低于欧美发达国家，但究竟肥料利用率要提高到多少才是合理的，却无法给出科学的合理的解释。无法确定合理的肥料利用率目标，根据公式 1-2 就无法确定合理的施肥目标。因此，肥料利用率对合理施肥造成了混乱。

3. 钾肥试验

棉花、小麦、玉米和水稻 4 种作物的钾肥利用率与施肥量的关系分别如图 1-5-1、图 1-5-2、图 1-5-3 和图 1-5-4 所示。

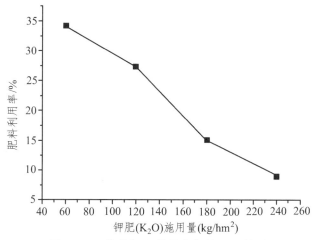

图 1-5-1　棉花钾肥利用率与施肥量关系

注：图中数据引自付小勤等《钾肥施用量和施用方式对棉花生长及产量和品质的影响》，2013

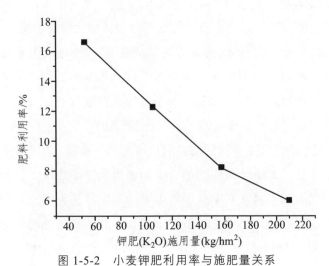

图 1-5-2 小麦钾肥利用率与施肥量关系

注：图中数据引自董合林等《钾肥用量对麦棉两熟制作物产量和钾肥利用率的影响》，2015

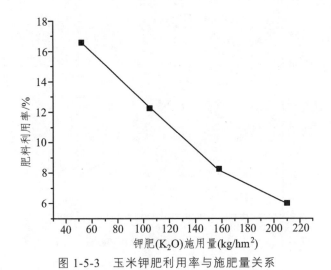

图 1-5-3 玉米钾肥利用率与施肥量关系

注：图中数据引自何景友等《兴城地区土壤钾素状况及施钾肥对玉米的影响》，2003

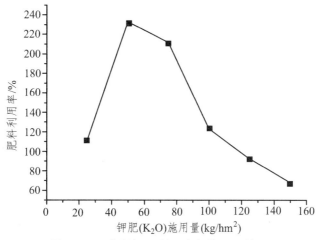

图 1-5-4　水稻钾肥利用率与施肥量关系

注：图中数据引自雷万钧等《钾肥施用量对寒地粳稻不同穗位籽粒灌浆过程和产量的影响》，2015

图 1-5-1、图 1-5-2 和图 1-5-3 中的钾肥利用率随施肥量的增加而降低。但图 1-5-4 中钾肥利用率随肥料施用量的增加先升高后降低。而且，在水稻田钾肥施用量低于 100 kg/hm² 时，肥料利用率高于 100%（图 1-5-4）。这说明水稻吸收的钾元素的数量高于肥料提供的钾元素的数量。而根据公式 1-2，在计算时扣除了土壤供肥量，尽管这里使用的是土壤供肥量，但试验过程中其使用对照处理即不施肥处理的养分吸收量来计算的。而对照处理和施肥处理除了不施用和施用化肥这两者不同外，其他都是相同的。换言之，扣除的土壤供肥量实际是除了化肥以外的所有肥料供给情况对作物产量的贡献。因此，按照公式 1-2 扣除土壤供肥量后，作物吸收的养分仅来源于化肥，因此，其肥料利用率最大值应该为 100%。但是，图 1-5-4 中却出现肥料利用率大于 100%的情况，显然是不合理的。因此，公式 1-2 的肥料利用率计算方法是有问题的。

# 三、讨　论

综上所述，根据公式 1-2 进行肥料利用率的计算存在诸多问题，对我国土壤肥料管理和作物生产造成不利影响，导致出现了一些非常严重的无法解决的矛盾问题甚至本身就自相矛盾的现象。

　　首先，导致产量提升与肥料利用率下降的矛盾。根据公式 1-4 和 1-8 可知，作物产量随施肥量的增加逐渐增加，达到最高产量后，产量随施肥量增加而降低，而肥料利用率随施肥量增加而降低。因此，在最高产量之前，肥料利用率随产量的升高而降低。例如，表 1-1 中玉米产量与氮、磷、钾肥料

表 1-1　玉米氮磷钾肥料利用率与产量关系

| 肥料 | 施肥量 | 产量 | 肥料利用率（$y$）与施肥量（$x$）关系方程 | 肥料利用率（%） | | 参考文献 |
| | kg/hm² | | | 根据实际产量计算 | 根据肥料利用率方程计算 | |
|---|---|---|---|---|---|---|
| 氮肥（N） | 0 | 12 980 | $y = -0.012\,7x^2 + 16.186x$ $R^2 = 0.991\,7$，$P<0.01$ | — | — | 赵靓等，2014 |
| | 225 | 15 700 | | 31.07 | 34.25 | |
| | 300 | 16 810 | | 32.81 | 31.81 | |
| | 375 | 17 490 | | 30.91 | 29.36 | |
| | 450 | 17 620 | | 26.50 | 26.91 | |
| | 600 | 18 100 | | 21.93 | 22.01 | |
| 磷肥（P₂O₅） | 0 | 4 500 | $y = -0.009\,4x^2 + 10.607x$ $R^2 = 0.856\,4$，$P<0.01$ | — | — | 张立花等，2013 |
| | 50 | 5 200 | | 12.04 | 8.72 | |
| | 100 | 5 800 | | 11.18 | 8.31 | |
| | 200 | 6 000 | | 6.45 | 7.51 | |
| | 1 000 | 5 700 | | 1.032 | 1.04 | |
| 钾肥（K₂O） | 0 | 4 333.5 | $y = -0.193\,4x^2 + 58.903x$ $R^2 = 0.999\,6$，$P<0.01$ | — | — | 何景友等，2003 |
| | 50 | 6 736.5 | | 105.76 | 105.36 | |
| | 100 | 8 302.5 | | 87.34 | 84.66 | |
| | 150 | 8 824.5 | | 65.89 | 63.97 | |
| | 200 | 8 410.5 | | 44.86 | 43.28 | |
| | 250 | 6 952.5 | | 23.05 | 22.58 | |

利用率间的关系数据能够直观反映这一问题。这就是产量提升与肥料利用率下降间无法解决的矛盾。但是，产量提升与肥料利用率下降间的矛盾容易被一些假象所掩盖。例如，通过深松深耕、添加土壤结构改良剂的措施，在施肥量不变的情况下作物产量得到提升，这就容易产生肥料利用率提高的假象。因为按照公式 1-2，养分吸收量增加了，而土壤供肥量和施肥量不变，因此，肥料利用率提高。如表 1-2 所示，相同氮肥施用量的情况下，施加秸秆生物炭能够提升玉米产量，如果按照没添加秸秆生物炭和氮肥时的玉米产量（5 970 kg//hm²）计算土壤供肥量，则氮肥利用率明显升高，如

表 1-2　不同施肥量下棉田土壤氮、磷、钾养分收支平衡情况

| 秸秆生物炭添加量 | 施肥量 | 产量 | 吸氮量 | 肥料利用率 [a] | 肥料利用率 |
|---|---|---|---|---|---|
| kg/hm² | | | | | |
| 0 | 0 | 5 970 | 153.43 | — | |
| 0 | 150 | 9 720 | 249.80 | 64.25 | |
| 0 | 225 | 10 070 | 258.80 | 46.83 | |
| 0 | 300 | 9 370 | 240.81 | 29.13 | |
| 7 500 | 0 | 8 720 | 224.10 | — | |
| 7 500 | 150 | 11 800 | 303.26 | 99.89 | 52.77 [b] |
| 7 500 | 225 | 11 320 | 290.92 | 61.11 | 29.70 [b] |
| 7 500 | 300 | 10 540 | 270.88 | 39.15 | 15.59 [b] |
| 22 500 | 0 | 8 250 | 212.03 | | |
| 22 500 | 150 | 10 470 | 269.08 | 77.10 | 38.03 [c] |
| 22 500 | 225 | 10 380 | 266.77 | 50.37 | 24.33 [c] |
| 22 500 | 300 | 9 860 | 253.40 | 33.32 | 13.79 [c] |

表中数据引自宋大利等《秸秆生物炭配施氮肥对潮土土壤碳氮含量及作物产量的影响》
2017；a、b、c 分别使用使用 153.43、224.10/212.03kg/hm2 吸氮量作为土壤供肥量；

150 kg/hm² 氮肥施用量，添加 7 500 kg/hm² 和 22 500 kg/hm² 秸秆生物炭后肥料利用率由 64.25%分别升高到 99.89%和 77.10%（表 1-2）。然而，这种计算方法是错误的，因为添加生物炭后应该使用施用生物炭而没有施用氮肥时的玉米产量（8 720 kg/hm² 或 8 250 kg/hm²）来计算土壤供肥量，按此方法计算，则添加生物炭后肥料利用率反而下降，如 150 kg/hm² 氮肥施用量，添加 7 500 t/hm² 和 22 500 t/hm² 秸秆生物炭后肥料利用率由 64.25%分别下降到 52.77%和 38.04%（表 1-2）。

再如，长期定位施肥试验，每年的肥料施用量是相同的，但随着施肥年限的增加，施肥土壤的产量逐渐增加，即施肥能够起到培肥土壤的作用，使得土壤基础肥力逐渐提高。但是，很多试验进行肥料利用率计算时是以长年不施肥的对照处理的产量计算土壤供肥量，对照处理由于常年不施肥，其作物产量是随耕作年限逐渐降低的，以此作为基础产量导致公式 1-2 计算结果偏高。这会导致随着施肥年限的增加，在施肥量每年不发生变化的情况下，施肥作物产量逐年增加，不施肥土壤的基础产量逐渐降低，故肥料利用率逐年升高。这样的试验结果是只要施肥量不变，不采取任何措施肥料利用率就好逐年升高。显然，这是没有任何科学道理的。

之所以会产生上述现象是因为计算时基础肥力土壤供肥量的选取是错误的。实际上，计算时应该选择连续长期施肥土壤当年不施肥的产量作物基础产量。这样，肥料利用率的计算结果会减小。下面以定性的公式进行推导，说明这一问题。

连续施肥区土壤基础肥力与其施肥区作物产量的关系可以表示为：

$$Y_N = m + Y_{BN} \qquad\qquad 1\text{-}10$$

式中，$Y_N$ 为连续施肥区土壤第 $N$ 年的作物产量（kg/hm²）；$Y_{BN}$ 为连续施肥区土壤第 $N$ 的作物基础产量（kg/hm²），即前 $N-1$ 年土壤连续施肥而第 $N$ 年不施肥情况下的作物产量；$m$ 为大于零的经验常数。

设连续施肥试验开始前的土壤基础肥力为 $Y_{B0}$，则 $Y_{BN}$ 与 $Y_{B0}$ 及施肥年限的关系方程可以表示为：

$$Y_{BN} = Y_{B0} + a_1 x \qquad\qquad 1-11$$

式中，$a_1$ 为经验常数且为正数，$x$ 为施肥年限。因此，$Y_{BN}$ 逐年升高。而由于是连续长期施肥，所以 $Y_N$ 的变化幅度很小，长期范围内可以认为是不变的。所以，由于 $Y_{BN}$ 随施肥年限增加而升高，因此 $m$ 随年限的增加而降低，即 $m$ 与施肥年限的关系可以表示为：

$$m = n_1 - n_2 x \qquad\qquad 1-12$$

式中，$n_1$ 和 $n_2$ 为经验常数，且均为正数。连续不施肥区土壤的作物产量即基础产量 $Y_{BN}$ 与 $Y_{B0}$ 及施肥年限的关系方程可以表示为：

$$Y'_{BN} = Y_{B0} - a_2 x \qquad\qquad 1-13$$

式中，$a_2$ 为经验常数且为正数，$x$ 为耕作年限。因此，$Y'_{BN}$ 逐年降低。

当以 $Y_{BN}$ 最为基础肥力进行肥料利用率计算时，其计算公式可以表示为：

$$\varepsilon = \frac{k\left(Y_N - Y_{BN}\right)}{X} \times 100\% \qquad\qquad 1-14$$

式中，$\varepsilon$ 为肥料利用率（％），$k$ 为单位作物产量的养分吸收量（kg/kg），$X$ 为施肥量（kg/hm²）。联合公式 1-10、1-12 和 1-14 可得 $\varepsilon$ 随施肥年限变化的关系：

$$\varepsilon = \frac{k\left(n_1 - n_2 x\right)}{X} \times 100\% \qquad\qquad 1-15$$

由于 $X$ 是不变的且 $k$、$n_1$、和 $n_2$ 均为正数，因此，$\varepsilon$ 随施肥年限的增加而降低，即连续长期施肥量不变的情况下，肥料利用率随施肥限增加逐渐降低。这个计算方过程是正确的。而如果计算过程是错误的，则肥料利用率的计算公式则改变为：

$$\varepsilon = \frac{k\left(Y_N - Y'_{BN}\right)}{X} \times 100\% \qquad\qquad 1-16$$

联合公式 1-16 和 1-13 可得 $\varepsilon$ 与随耕作年限变化的关系：

$$\varepsilon = \left[ \frac{k\left(Y_N - Y_{B0} + a_2 x\right)}{X} \right] \times 100\% \qquad \text{1-17}$$

由于 $X$、$k$、$Y_N$ 和 $Y_{B0}$ 均是不变的且 $Y_N > Y_{B0}$，$a_2 > 0$，所以 $\varepsilon$ 随施肥年限的增加而升高。

因此，如果按公式 1-2 计算肥料利用率，在连续长期施肥条件下，如果计算过程正确，则肥料利用率随年限增加而逐渐降低，如果计算过程错误，则肥料利用率随年限增加而逐渐升高。但是，这二者的结果说明，只要施肥量不变，随着年限的增加，肥料利用率或者升高或者降低。肥料利用率只与施肥年限有关，这显然是不合理的，无法解释的。

另外，在施肥量不变的情况下改变施肥方式等措施促使作物产量提升的现象也容易掩盖产量提升与肥料利用率下降间的矛盾问题。施肥量不变，基础产量不变，但产量提高了，应用公式 1-2 计算的结果就是肥料利用率提高了。但是，如果在改变施肥方式的条件下，在施肥量逐渐增加、产量逐渐提升的情况下，其公式 1-2 的计算结果依然是随产量逐渐升高肥料利用率逐渐降低。因此，改变施肥方式等增产并未解决产量提升与肥料利用率下降间的矛盾问题。同时，改变施肥策略，肥料利用率的计算结果升高，恰恰又说明现有的肥料利用率方法和结果无法评判施肥策略施肥合适，进一步揭示了肥料利用率计算方法和结果的缺陷。

其次，引发作物增产与农业环境污染问题之间的矛盾加剧。这一矛盾问题是产量提升与肥料利用率下降这对矛盾问题的另一个方面。由于增产需要增加施肥量，而施肥量越高肥料利用率越低，肥料利用率越低肥料流失比例就越高。因此，在粮食增产条件下，如果使用化学肥料，则肥料用量越高、流失比例越高，因此，流失的数量越高，环境污染问题就越严重。这使我国陷入了粮食安全与环境安全相矛盾的困境中而无法解决。这一矛盾更使人们低估了化肥在作物生产中的作用，在社会上形成了化肥使用过量的错误认识。然而，实际上未被植物吸收利用肥料养分，有大部分是保留在土壤当中，没有从土壤中损失掉，这些养分可以起到培肥土壤的作用，可以供给后续种植的作物吸收。因此，肥料利用率低并不意味着肥料损失量高。

再次，引发肥料利用率与培肥土壤间的矛盾。正常情况下，土壤基础肥力越高，基础产量越高，作物产量越高。因此，作物最高产量与基础产量的关系方程可以表示为：

$$Y_{\max} = dY_B + f \qquad\qquad 1\text{-}18$$

式中，$Y_{\max}$ 为最高产量，$Y_B$ 为基础产量，$d$ 和 $f$ 为经验常数其均为正数。在最高产量时，作物养分吸收量应该等于施肥量（详细理论分析见第三章），因此，此时的肥料利用率的计算方程可以写出：

$$\varepsilon = \left[\frac{k\left(Y_{\max} - Y_B\right)}{kY_{\max}}\right] \times 100\% \qquad\qquad 1\text{-}19$$

联合公式 1-18 和[1-19]得：

$$\varepsilon = \frac{dY_B + f - Y_B}{dY_B + f} \times 100\% \qquad\qquad 1\text{-}20$$

即

$$\varepsilon = 1 - \frac{1}{d + f/Y_B} \times 100\% \qquad\qquad 1\text{-}21$$

由于 $d$ 和 $f$ 均为正数，因此 $\varepsilon$ 随 $Y_B$ 的升高而降低，即肥料利用率随基础产量的升高而降低。由此得出的推论是土壤基础肥力越低，肥料利用率越高。因此，为了提高肥料利用率，不必提升土壤基础肥力，即不用培肥土壤。换言之就是土壤肥力越低越好。这显然是错误的。

与上述情况相类似的现象是，根据肥料利用率公式，如果基础肥力不变，产量提高的话，则肥料利用率提高。即公式 1-19 变为：

$$\varepsilon = \left[1 - \frac{Y_B}{Y_{\max}}\right] \times 100\% \qquad\qquad 1\text{-}22$$

式中，$Y_{\max}$ 变大，则 $\varepsilon$ 升高。即基础肥力不变，最高产量增加，肥料利用率提高。而实际上，这样的结论是错误的。其根本原因是将产量简单的归结为施肥的效应，即只要增加施肥量产量就一定会增加，而与其他因素无关。

这样就简单地将土壤等同于没有肥力的物质，是土壤学上典型的"一元论"的错误。

另外，根据公式 1-2，在较低施肥量时肥料利用率较高，但在较低施肥量时土壤养分收支可能是负的，即施入土壤的养分小于作物带走的养分（详细分析见第三章），如表 1-2 所示。因此，在较低施肥量情况下，土壤养分是"亏损"的，即追求高肥料利用率减少施肥量可能引起土壤肥力匮乏。

表 1-3 不同施肥量下棉田土壤氮、磷、钾养分收支平衡情况

| 肥料养分类型 | 施肥量 | 籽棉产量 | 棉花吸收量 | 土壤养分收支 | 参考文献 |
|---|---|---|---|---|---|
| | $kg/hm^2$ | | | | |
| 氮肥<br>（N） | 0.0 | 3 001.2 | 150.1 | − 150.1 | 李鹏程等，2015 |
| | 90.0 | 3 285.9 | 164.3 | − 74.3 | |
| | 180.0 | 3 406.3 | 170.3 | 9.7 | |
| | 270.0 | 3 458.4 | 172.9 | 97.1 | |
| | 360.0 | 3 475.7 | 173.8 | 186.2 | |
| | 450.0 | 3 453.7 | 172.7 | 277.3 | |
| 磷肥<br>（$P_2O_5$） | 0.0 | 3 627.0 | 65.3 | − 65.3 | 陈波浪等，2010 |
| | 75.0 | 4 784.0 | 86.1 | − 11.1 | |
| | 150.0 | 4 626.0 | 83.3 | 66.7 | |
| | 300.0 | 5 046.0 | 90.8 | 209.2 | |
| | 600.0 | 5 152.0 | 92.7 | 507.3 | |
| | 1 200.0 | 4 486.0 | 80.7 | 1 119.3 | |
| | 2 400.0 | 4 381.0 | 78.9 | 2 321.1 | |
| 钾肥<br>（$K_2O$） | 0.0 | 3 576.5 | 143.1 | − 143.1 | 付小勤等，2013 |
| | 60.0 | 4 088.2 | 163.5 | − 103.5 | |
| | 120.0 | 4 396.0 | 175.8 | − 55.8 | |
| | 180.0 | 4 249.6 | 170.0 | 10.0 | |
| | 240.0 | 4 126.5 | 165.1 | 74.9 | |

注：棉花每千克籽棉吸收氮（N）、磷（$P_2O_5$）、钾（$K_2O$）数量分别按 0.05 kg、0.018 kg 和 0.04 kg 计算，土壤养分收支 = 施肥量（养分输入量）− 棉花吸收量（养分出差量）。

基于上述情况，可以得出肥料利用率评价标准自相矛盾这一问题。尽管肥料利用率被广泛应用于肥料有效性的评价工作中，但是，肥料利用率却没有合适的评价标准。即没有明确的肥料利用率标准来评判肥料使用是否合理。例如，究竟是 30%还是 35%的利用率是合理的，无法评判。简单而言，人们普遍认为我国肥料利用率偏低，那么多高的肥料利用率是合理的，没有科学的解释。现阶段之所以说我国肥料利用率低，是相比国外欧美发达国家而言的。但是，国外的肥料利用率就是合理的吗？同时，在计算时有可能出现肥料利用率超过 100%的现象，如图 1-5-4 所示，这说明作物吸收的肥料养分数量大于施入土壤的肥料养分和土壤自身共计的养分之和，就是说作物将肥料中的养分全部吸收的同时还吸收了超过基础供肥量的养分，换言之，在施肥量较低的情况下，施肥促进了土壤的供肥能力，使其供给养分的数量高于不施肥时的养分数量。但是，公式 1-2 的计算前提是施肥处理时土壤自身的供肥能力与不施肥处理时土壤自身供肥能力是相同的。因此，现行的肥料利用率公式存在错误。

## 四、养分有效率的计算与应用

### 1. 理论分析

由于肥料利用率的计算是错误的，本文提出养分有效率的概念。其基本原理是输入土壤的养分不能被植物完全吸收转化为生物产量，有一部分会被土壤吸收转化为土壤肥力，还有一部分可能损失掉；根据养分归还学说，施肥的目的是维持土壤肥力，因此，被作物和土壤吸收的养分从有效性的目的来讲都是有效的。因此肥料养分有效率的概念是指输入土壤的养分中被作物吸收和土壤吸收的养分数量占输入量的比例，简称养分有效率。养分有效率的计算公式：

$$肥料养分有效率 = \frac{作物养分吸收量 + 土壤养分吸收量}{肥料养分含量} \times 100\% \qquad 1\text{-}22$$

式中，在土壤养分含量减少的情况下，土壤养分增吸收为负值。与肥料养分有效率相对应的是肥料养分损失率，其计算公式为：

$$肥料养分损失率 = 100\% - 肥料养分有效率 \qquad 1\text{-}23$$

在稳定耕作栽培体系下，土壤-作物系统的养分主要来源于肥料，在保证土壤收支平衡的条件下，肥料养分有效率表示为：

$$肥料养分有效率 = \frac{作物养分吸收量}{施肥量} \times 100\% \qquad 1\text{-}24$$

使用公式 1-24 可以简单判断土壤施肥量是否合理。如果公式 1-24 的计算结果>100%，则说明作物吸收量高于施肥量，此时施肥量不足，长此以往将导致土壤肥力下降，肥料养分有效率；如果公式 1-24 的计算结果等于100%，则说明土壤养分收支平衡，土壤肥力保持不变；如果公式 1-24 的计算结果<100%，则说明施肥量超过作物吸收量，超出部分可能被土壤吸收，此时需要使用公式 1-23 进行计算，判断是否发生养分损失；如果公式 1-23 的计算结果等于 100%，则没有肥料损失，超出作物吸收量的养分全部被土壤吸收，起到了土壤培肥的效果；如果公式 1-23 的计算结果<100%，则发生了肥料损失，应该适当减少施肥量。因此，公式 1-24 的计算结果可以定义为简化养分有效率。使用简化养分有效率可以快速判断施肥量是否合理。

2. 应用实例

蔡祖聪和钦绳武（2006）研究表明，小麦玉米轮作情况下，连续 14 季小麦和 13 季玉米，其中小麦共吸收氮素 1 561 kg/hm²，玉米共吸收氮素 1 634 kg/hm²，土壤共吸收氮素 589 kg/hm²，14 年共施入氮素 4 050 kg/hm²，因此，氮肥的养分有效率为：（1561+1634+589）/4050×100% = 93.65%。而如果按照传统的氮肥利用率计算，小麦和玉米的氮肥利用率分别为 59.8%和 60.5%（蔡祖聪和钦绳武，2006）。同样，惠晓丽等（2017）研究表明，在施用氮（N）160 kg/hm²+磷（P₂O₅）100 kg/hm² 情况下，小麦 4 年平均产量为 5 387 kg/hm²，按每公斤小麦吸收 0.03 kg 计算，则小麦氮素吸收量为

$161.6\ kg/hm^2$，因此，氮肥的养分有效性为 101%，而传统方法计算的氮肥利用率为 31.86%。另外，孙海霞等（2009）研究表明，联系 16 年小麦玉米轮作，共计施入土壤钾肥（$K_2O$）$3\ 984\ kg/hm^2$，16 连作物累计带走钾 $3\ 471\ kg/hm^2$，土壤吸收量约为 $549\ kg/hm^2$，因此，钾肥的养分有效性为 100.9%。而如果根据传统方法计算的钾肥利用率为 28.1%。这些实例分析可知，养分有效率的计算结果明显高于传统肥料利用率的计算结果。养分有效率的结果接近 100%，说明肥料养分被作物和土壤吸收，起到了增产和培肥的作用。而传统肥料利用率结果小于 100%，无法有效说明肥料的全部作用。

　　表 1-4 给出了不同氮（N）、磷（$P_2O_5$）、钾（$K_2O$）施用量情况下玉米产量和 N、$P_2O_5$、$K_2O$ 吸收量、简化养分有效率和肥料利用率。不难发现，在施肥量较低的情况下，简化养分有效率均高于100%，这说明施肥量小于玉米养分吸收量，此时作物从土壤吸收的养分数量大于肥料施入土壤的数量，因此，长期如此施肥会导致土壤肥力衰竭，最终导致产量下降。随着施肥量和产量的升高，简化养分有效率逐渐降低（表 1-3），当其数值等于100%时，土壤养分输入量等于输出量，此时可以保持土壤肥力，是较为合适的施肥量。但是，如果使用肥料利用率则无法判断是否为合适的肥料用量，因为其自身数据无法提供合理的科学解释。

表 1-4　玉米氮磷钾肥料利用率、简化养分有效率与产量关系

| 肥料 | 施肥量 | 产量 | 养分吸收量 | 肥料利用率 | 简化养分有效率 | 参考文献 |
|---|---|---|---|---|---|---|
| | kg/hm² | | | （%） | | |
| 氮肥（N） | 0 | 12 980 | 333.59 | — | — | 赵靓等，2014 |
| | 225 | 15 700 | 403.49 | 31.07 | 179.33 | |
| | 300 | 16 810 | 432.02 | 32.81 | 144.01 | |
| | 375 | 17 490 | 449.49 | 30.91 | 119.86 | |
| | 450 | 17 620 | 452.83 | 26.5 | 100.63 | |
| | 600 | 18 100 | 465.17 | 21.93 | 77.53 | |

续表

| 肥料 | 施肥量 | 产量 | 养分吸收量 | 肥料利用率 | 简化养分有效率 | 参考文献 |
|------|--------|------|-----------|-----------|--------------|---------|
| | kg/hm² | | | （%） | | |
| 磷肥（$P_2O_5$） | 0 | 4 500 | 38.70 | — | — | 张立花等，2013 |
| | 50 | 5 200 | 44.72 | 12.04 | 89.44 | |
| | 100 | 5 800 | 49.88 | 11.18 | 49.88 | |
| | 200 | 6 000 | 51.60 | 6.45 | 25.80 | |
| | 1 000 | 5 700 | 49.02 | 1.032 | 4.90 | |
| 钾肥（$K_2O$） | 0 | 4 333.5 | 92.74 | — | — | 何景友等，2003 |
| | 50 | 6 736.5 | 144.16 | 105.76 | 288.32 | |
| | 100 | 8 302.5 | 177.67 | 87.34 | 177.67 | |
| | 150 | 8 824.5 | 188.84 | 65.89 | 125.90 | |
| | 200 | 8 410.5 | 179.98 | 44.86 | 89.99 | |
| | 250 | 6 952.5 | 148.78 | 23.05 | 59.51 | |

3. 肥料养分有效性与肥料养分真实利用率的区别

本文提出使用养分有效率的概念表述肥料养分被作物和土壤吸收的情况，进而表述其利用效率。王火焰和周建民（2014）提出了肥料养分真实利用率的概念，其是指"肥料施入土壤后，直至消耗完之前，被作物吸收利用的肥料养分量占被消耗的肥料养分量的比例"。其计算公式为（王火焰和周建民，2014）：

$$肥料养分真实利用率 = \frac{作物吸收肥料养分量}{(施肥量-土壤贮存的肥料养分量)} \times 100\% \qquad 1-25$$

或

$$肥料养分真实利用率 = \frac{作物养分吸收量}{(施肥量+土壤养分减少量)} \times 100\% \qquad 1-26$$

尽管在土壤养分收支平衡时肥料养分真实利用率与养分有效率计算公式是相同的，但二者存在本质区别：

首先，二者概念定义不同，即分析问题的出发点和着眼点不同。养分有效率从土壤-作物系统角度出发，着眼于土壤养分收支状况，重点强调作物和土壤均可吸收肥料养分，突出肥料养分的增产和培肥效应；肥料养分真实利用率从作物吸收角度出发，着眼于肥料养分对作物的供给状况，强调作物吸收肥料养分数量占肥料养分消耗量的比例，突出的是肥料的增产作用。

其次，二者计算公式指标不同。尽管在土壤养分收支平衡是，二者的简化计算公式相同（公式 1-24 和[1-26]），但是二者的实际计算公式存在本质区别。养分有效率计算公式中，用作物养分吸收量+土壤养分吸收量之和除以养分施入量（施肥量），而肥料养分真实利用率是用作物养分吸收量除以施肥量与土壤养分吸收量之差。例如，氮（N）施肥量为 100 kg/hm$^2$，作物吸收量为 95 kg/hm$^2$、土壤吸收量为 3 kg/hm$^2$、损失量为 2 kg/hm$^2$，则养分有效率为（95+3）/100×100% = 98%，肥料养分真实利用率为 95/（100 − 3）×100% = 96.94%。

最后，二者结果的分析意义有所区别。养分有效率的结果可以直接反映出施肥对于产量和培肥的作用和养分的损失情况，例如，氮（N）施肥量为 150 kg/hm$^2$，养分有效率为 = 98%，则养分损失情况为（100% − 98%）× 150 kg/hm$^2$ = 3 kg/hm$^2$。而如果氮（N）施肥量为 150 kg/hm$^2$，肥料养分真实利用率为 98%，则仅能知道养分损失率为 2%，但具体损失数量无法直接结算。

# 五、小　结

当前，我国普遍采用肥料利用率作为化肥使用效率的评价指标。但是，肥料利用率计算结果存在较多的问题。首先，肥料利用率随施肥量的增加而降低，但作物产量随施肥量的增加先升高后降低，因此，肥料利用率随产量升高而降低，这样的结果使作物高产与肥料高效利用成为无法调和的矛盾；其次，肥料利用率低说明肥料损失的较多，而肥料损失量大必然导致农业面源污染增加，因此，根据肥料利用率的计算结果，以作物高产为基础的粮食安全与污染调控为基础的农业环境安全间将形成难以解决的矛盾问题；再次，基于肥料利用率计算公式的推导结果，土壤肥力越低、产量越高、肥料利用率越高，这使得土壤培肥与作物高产间成为针锋相对的矛盾问题；最后，肥料利用率自身没有合理的评价指标，无法评价某一具体的肥料使用率是否合理，而且，个别情况下还可能出现肥料利用率超过100%的现象，这说明肥料利用率的计算方法和结果是自相矛盾的。

综上所述，现行的肥料利用率计算方法是存在问题的，对生产实践产生了诸多不利影响，必须进行修正，寻找和选择合理的指标参数用于分析和判断施肥用量、施肥效果和施肥策略。为此，本文提出了养分有效率的概念和计算方法。使用养分有效率能够直接反应施入肥料对作物产量和土壤培肥的作用和贡献率，能够直接反映养分损失的情况，为实现作物高产与肥料高效利用有机结合提供了理论判断依据。

# 第二章

# 养分归还学说的本质分析与应用
## ——土壤养分收支平衡

　　根据第一章的分析，现行肥料利用率的计算公式存在可讨论之处，因此本书提出了养分有效率的概念与计算方法。这一概念与方法是符合养分归还学说本质内容的，即作物生长需要从土壤吸收矿物质养分，作物收获必然从土壤带走矿物质营养，长此以往必然导致土壤肥力下降，使土壤变得贫瘠；为了保持土壤肥力不降低，需要通过施肥的方法归还作物生长从土壤带走的养分。不难发现，施肥的根本目的是为了保持土壤肥力，即土壤养分收支平衡。要做到土壤养分收支平衡（简称土壤养分平衡），理论上就是作物收获带走多少养分，施肥就施入多少养分。然而，生产实践中如何确保养分收支平衡？其根本问题是如何确定施肥量。因此，需要了解作物产量随施肥量的变化关系、作物养分吸收量随施肥量的变化关系，进而分析养分收支平衡与产量的变化关系，最终根据产量确定施肥量。

## 一、实例分析

### 1. 棉　花

　　棉花产量与氮素养分吸收量随氮肥施肥量的变化关系如图 2-1-1a。由图 2-1-1a（A）可知，棉花产量随施肥量的增加先升高后降低，二者的关系曲线为：

$$Y = -0.021X^2 + 16.314X + 3770.5\left(R^2 = 0.9688, P < 0.01\right) \hspace{2cm} \text{2-1}$$

式中，$Y$ 为棉花产量（kg/hm²），$X$ 为氮肥（N）施用量（kg/hm²）。求解方程可以获得最高产量对应的施肥量 $X_{max}$，即 $X_{max} = 388.4 \text{ kg/hm}^2$。

由图 2-1-1a（B）可知，棉花氮素养分吸收量也随施肥量的增加先升高后降低。二者的关系方程为：

$$Y = -0.000\,7X^2 + 0.652\,7X + 217.25\left(R^2 = 0.997\,6, P < 0.01\right) \hspace{1cm} \text{2-2}$$

式中，$y$ 为棉花氮素养分吸收量（kg/hm²）。

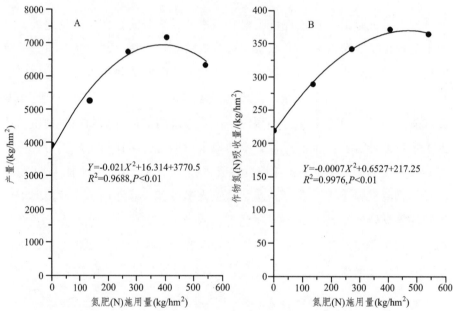

图 2-1-1a　氮肥施用量与棉花产量（A）和棉花氮素吸收量（B）的关系

注：图中数据根据刘涛等《氮素水平对杂交棉氮素吸收_生物量积累及产量的影响》，2010；李书田等《钾肥用量和施用时期对棉花产量品质和棉田钾素平衡的影响》，2016；郑重等《新疆棉区秸秆还田技术和养分需要量的初步估算》，2000，数据整合计算获得。

如果施肥量等于养分吸收量，则公式 2-2 变为：

$$X_b = -0.0007X_b^2 + 0.6527X_b + 217.25 \hspace{2.5cm} \text{2-3}$$

式中，$X_b$ 为土壤养分收支平衡时的施肥量。求解该方程，施肥量 $X_b =$

361.8 kg/hm²。其与最高产量施肥量 388.4 kg/hm² 仅相差 26.6 kg/hm²，差距很小。二者对应的产量分别为 3 939 kg/hm² 和 6 924 kg/hm²，可以认为是相等的。因此，本文提出如下假说：施肥量与养分吸收量相等，土壤养分收支平衡时，作物达到最高产量。

为了进一步验证该假说，对图 2-1-1a 中的数据进行进一步分析，仔细观察图 2-1-1a（A）发现，其施肥量在 135 kg/hm² 时产量数据偏离曲线较大，因此，除去该点数据再进行曲线拟合。其拟合结果见图 2-1-1b。其中，棉花产量与氮肥施用量的关系变为：

$$Y = -0.023\,1X^2 + 17.053X + 3\,908.6\left(R^2 = 0.995\,3, P < 0.01\right) \qquad 2\text{-}4$$

根据该方程求解的最高产量施肥量为 $X_{\max} = 369.1$ kg/hm²。

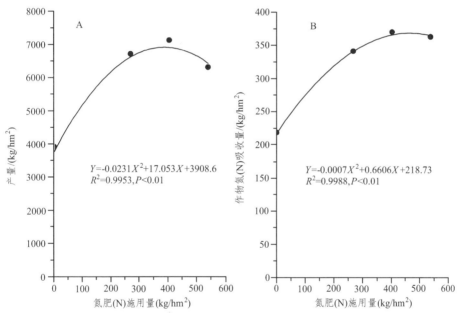

图 2-1-1b　氮肥施用量与棉花产量（A）和棉花氮素吸收量（B）的关系

注：图中数据根据刘涛等《氮素水平对杂交棉氮素吸收_生物量积累及产量的影响》，2010；李书田等《钾肥用量和施用时期对棉花产量品质和棉田钾素平衡的影响》，2016；郑重等《新疆棉区秸秆还田技术和养分需要量的初步估算》，2000，数据整合计算获得。

除掉 135 kg/hm² 施肥量数据点后，棉花氮素吸收量与施肥量关系曲线变为：

$$y = -0.000\,7X^2 + 0.660\,6X + 218.73\left(R^2 = 0.998\,8, P < 0.01\right) \qquad 2\text{-}5$$

当施肥量等于养分吸收量时，公式 2-5 变为：

$$-0.000\,7X_b^2 + 0.660\,6X_b + 218.73 = X_b \qquad\qquad 2\text{-}6$$

求解方程得到土壤养分收支平衡时的施肥量为 $X_b$ = 366.9 kg/hm²。其与 $X_{\max}$ = 369.1 kg/hm² 仅仅相差 2.8 kg/hm²，产量均为 7 056 kg/hm²，可以认为 $X_b$ 与 $X_{\max}$ 是相等的。这说明本文提出的假说是正确的。

棉花产量及其磷素（$P_2O_5$）养分吸收量随磷肥（$P_2O_5$）施用量的变化关系如图 2-1-2 所示。棉花产量及 $P_2O_5$ 养分吸收量均随施肥量的增加先升高后降低。二者与施肥量的关系均符合一元二次方程特征。其中，棉花产量与 $P_2O_5$ 施肥量关系方程为：

$$Y = -0.022\,8X^2 + 5.186\,7X + 1937\left(R^2 = 0.807\,7, P < 0.01\right) \qquad\qquad 2\text{-}7$$

求解方程，其最高产量施肥量 $X_{\max}$ = 113.7 kg/hm²。而 $P_2O_5$ 养分吸收量与施肥量关系方程为：

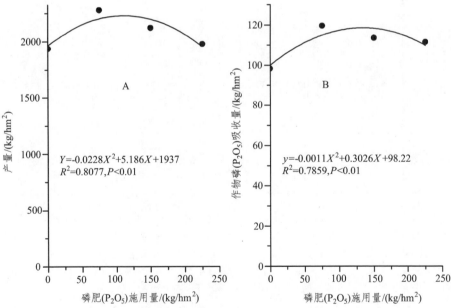

图 2-1-2　磷肥（$P_2O_5$）施用量与棉花产量（A）和棉花磷素吸收量（B）的关系

注：图中数据引自陈波浪等《磷肥种类和用量对土壤磷素有效性和棉花产量的影响》，2010；

$$y = -0.0011X^2 + 0.302\,6X + 98.22\left(R^2 = 0.785\,9, P < 0.01\right) \qquad 2\text{-}8$$

当施肥量等于养分吸收量时公式 2-8 变为：

$$-0.0011X_b^2 - 0.697\,4X_b + 98.22 = 0 \qquad 2\text{-}9$$

求解方程，其土壤养分平衡时的施肥量为 $X_b = 118.7$ kg/hm²。其与 $X_{\max} = 113.7$ kg/hm² 对应产量分别为 2 231 kg/hm² 和 2 232 kg/hm²。因此，本文提出的假说是正确的。

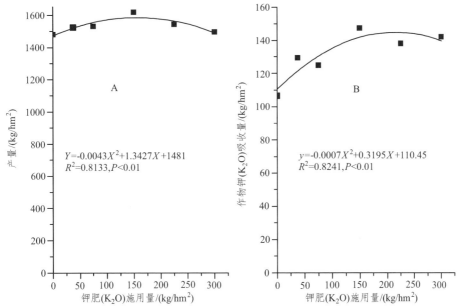

图 2-1-3　钾肥（K₂O）施用量与棉花产量（A）和棉花钾素吸收量（B）的关系

注：图中数据引自李书田等《钾肥用量和施用时期对棉花产量品质和棉田钾素平衡的影响》，2016

棉花产量及其钾素（K₂O）养分吸收量随钾肥（K₂O）施用量的变化关系如图 2-1-3 所示。由图可知，随施肥量的逐渐增加，棉花产量逐渐升高，达到最高产量后逐渐下降。二者的关系方程为：

$$Y = -0.004\,3X^2 + 1.342\,7X + 1481\left(R^2 = 0.809\,2, P < 0.01\right) \qquad 2\text{-}10$$

求解方程，其最高产量施肥量 $X_{\max} = 153.6$ kg/hm²。

棉花 $K_2O_5$ 养分吸收量与施肥量关系方程为：

$$y = -0.000\,7X^2 + 0.319\,5X + 110.45\left(R^2 = 0.824\,1, P < 0.01\right) \qquad 2\text{-}11$$

当施肥量等于养分吸收量时公式 2-11 变为：

$$-0.0011X_b^2 - 0.680\,5X_b + 98.22 = 0 \qquad 2\text{-}12$$

求解方程，其土壤养分平衡时的施肥量为 $X_b = 141.7\ \text{kg/hm}^2$。其与 $X_{\max} = 153.6\ \text{kg/hm}^2$ 非常接近，仅相差 11.9 $\text{kg/hm}^2$，如果按亩来计算，$K_2O$ 施肥量相差约为 0.8 kg/亩。换算成硫酸钾或者氯化钾等化肥用量，相差数量也不足 2.0 kg/亩。如果计算产量，$X_b = 141.7\ \text{kg/hm}^2$ 和 $X_{\max} = 153.6\ \text{kg/hm}^2$ 对应的棉花产量均为 1 582 $\text{kg/hm}^2$。二者的产量相同。因此，在土壤养分收支平衡 $X_b = 141.7\ \text{kg/hm}^2$ 时，棉花产量达到最大值。因此，本文提出的假说是正确的。

## 2. 小 麦

小麦产量和氮素（N）养分吸收量与氮肥（N）施肥量的关系如图 2-2-1 所示。图中，小麦产量随 N 施肥量的增加先升高后下降。二者的关系方程为：

$$Y = -0.073\,2X^2 + 36.278X + 3\,620\left(R^2 = 0.999\,9, P < 0.01\right) \qquad 2\text{-}13$$

求解方程，其最高产量施肥量 $X_{\max} = 247.8\ \text{kg/hm}^2$。小麦 N 养分吸收量与施肥量关系方程为：

$$y = -0.002\,2X^2 + 1.088\,3X + 108.6\left(R^2 = 0.999\,9, P < 0.01\right) \qquad 2\text{-}14$$

当施肥量等于养分吸收量时公式 2-14 变为：

$$-0.002\,2X_b^2 + 0.088\,3X_b + 108.6 = 0 \qquad 2\text{-}15$$

求解方程，其土壤养分平衡时的施肥量为 $X_b = 243.2\ \text{kg/hm}^2$。其与 $X_{\max} = 247.8\ \text{kg/hm}^2$ 相差 4.5 $\text{kg/hm}^2$。二者的对应产量分别为 8 113 $\text{kg/hm}^2$ 和 8 115 $\text{kg/hm}^2$，相差仅为 2.0 $\text{kg/hm}^2$。因此，在土壤养分收支平衡时，小麦达到最高产量。本文假说正确。

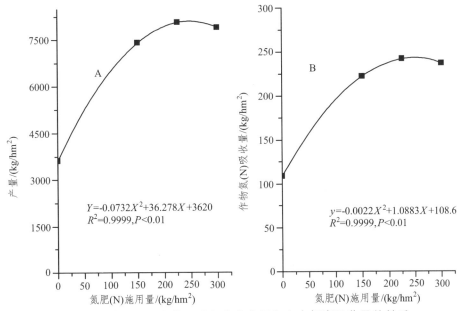

图 2-2-1　氮肥（N）施用量与小麦产量和小麦氮素吸收量的关系

注：图中数据引自宋大利等《秸秆生物炭配施氮肥对潮土土壤碳氮含量及作物产量的影响》，2017

小麦产量和磷素（$P_2O_5$）养分吸收量与磷肥（$P_2O_5$）施肥量的关系如图 2-2-2 所示。图中，随 $P_2O_5$ 施用量的增加，小麦产量先升高后下降。二者的抛物线关系方程为：

$$Y = -0.355\ 8X^2 + 70.07X + 4\ 353.9\left(R^2 = 0.930\ 6, P < 0.01\right) \qquad 2\text{-}16$$

求解方程，其最高产量施肥量 $X_{max} = 98.5$ kg/hm²。小麦 $P_2O_5$ 养分吸收量与施肥量关系方程为：

$$y = -0.004\ 4X^2 + 0.875\ 9X + 54.424\left(R^2 = 0.930\ 6, P < 0.01\right) \qquad 2\text{-}17$$

当施肥量等于养分吸收量时公式 2-17 变为：

$$-0.004\ 4X_b^2 + 0.124\ 1X_b + 54.424 = 0 \qquad 2\text{-}18$$

求解方程，其土壤养分平衡时的施肥量为 $X_b = 98.0$ kg/hm²。其与 $X_{max} = 98.5$ kg/hm² 相差 0.5 kg/hm²。因此二者是相等的。所以，本文提出的假说"作物达到最高产量时，施肥量与养分吸收量相等，土壤养分收支平衡"是正确的。

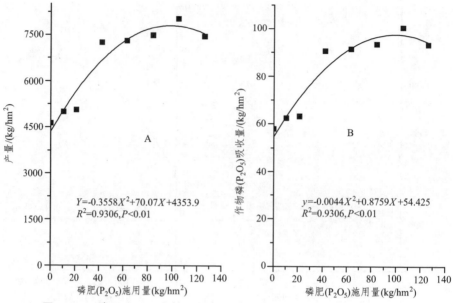

图 2-2-2　磷肥（$P_2O_5$）施用量与小麦产量和小麦磷素吸收量的关系

注：图中数据引自吴梅菊和刘荣根《磷肥对小麦分蘖动态和产量的影响》，1998

　　小麦产量和钾素（$K_2O$）养分吸收量与钾肥（$K_2O$）施肥量的关系如图 2-2-3 所示。由图可见，小麦产量与施肥量间存在明显的抛物线型关系方程，其表达式为：

$$Y = -0.024X^2 + 7.328\,5X + 5\,295\left(R^2 = 0.983\,4, P < 0.01\right) \qquad 2\text{-}19$$

　　求解方程，其最高产量施肥量 $X_{max} = 152.7\ kg/hm^2$。小麦 $K_2O$ 养分吸收量与施肥量关系方程为：

$$y = -0.000\,6X^2 + 0.182\,8X + 132.4\left(R^2 = 0.983\,5, P < 0.01\right) \qquad 2\text{-}20$$

当施肥量等于养分吸收量时公式 2-20 变为：

$$-0.000\,6X_b^2 + 0.817\,2X_b + 132.4 = 0 \qquad 2\text{-}21$$

求解方程，其土壤养分平衡时的施肥量为 $X_b = 146.3\ kg/hm^2$。其与 $X_{max} = 152.7\ kg/hm^2$ 相差 $6.4\ kg/hm^2$。二者对应的小麦产量分别为 $5\,851\ kg/hm^2$ 和 $5\,853\ kg/hm^2$。因此，土壤养分平衡施肥量与最高产量施肥量对应的产量是相等的。即土壤养分收支平衡时，小麦产量达到最高产量。因此，本文提出的假说是正确的，即"作物达到最高产量时，施肥量与养分吸收量相等，土壤养分收支平衡"。

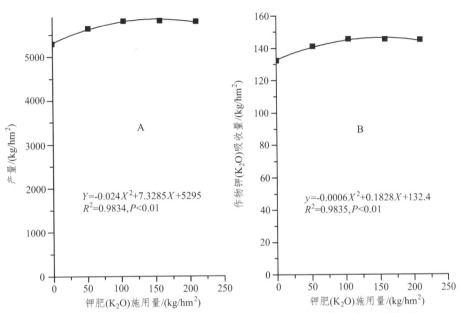

图 2-2-3　钾肥（K$_2$O）施用量与小麦产量和小麦钾素吸收量的关系

注：图中数据引自董合林等《钾肥用量对麦棉两熟制作物产量和钾肥利用率的影响》，2015

### 3. 玉　米

玉米产量和氮素（N）养分吸收量与氮肥（N）施肥量的关系如图 2-3-1 所示。由图可知，随 N 施肥量的增加玉米产量与 N 养分吸收量均呈现先升高后下降的规律。即二者与施肥量间均呈现抛物线型的曲线关系。其中，产量与施肥量的关系方程为：

$$Y = -0.026\,2X^2 + 12.317X + 8\,218.4\left(R^2 = 0.896\,7, P < 0.01\right) \qquad 2\text{-}22$$

求解方程，其最高产量施肥量 X$_{max}$ = 235.1 kg/hm$^2$。玉米 N 养分吸收量与施肥量关系方程为：

$$y = -0.000\,7X^2 + 0.316\,5X + 211.21\left(R^2 = 0.896\,7, P < 0.01\right) \qquad 2\text{-}23$$

当施肥量等于养分吸收量时公式 2-23 变为：

$$-0.002\,07X_b^2 + 0.683\,5X_b + 211.21 = 0 \qquad\qquad 2\text{-}24$$

求解方程，其土壤养分平衡时的施肥量为 $X_b = 246.7 \text{ kg/hm}^2$。其与 $X_{max} = 235.1 \text{ kg/hm}^2$ 相差 $11.6 \text{ kg/hm}^2$。二者的对应产量分别为 $9\,662 \text{ kg/hm}^2$ 和 $9\,666 \text{ kg/hm}^2$，相差仅为 $4.0 \text{ kg/hm}^2$，可以忽略不计，即二者产量相等的。因此，本文假说正确。

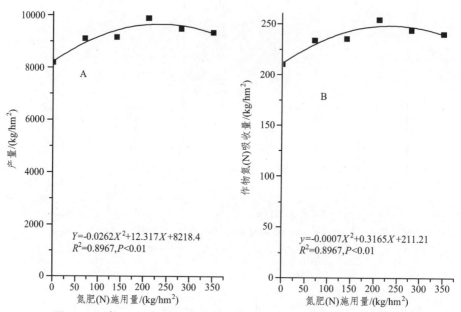

图 2-3-1　氮肥（N）施用量与玉米产量和玉米氮素吸收量的关系

注：图中数据引自赵萍萍等《氮肥用量对夏玉米产量、收益、农学效率及氮肥利用率的影响》，2010

玉米产量和磷素（$P_2O_5$）养分吸收量与磷肥（$P_2O_5$）施肥量的关系如图 2-3-2 所示。由图可见，玉米产量与 $P_2O_5$ 施肥量间呈现抛物线型的曲线关系，即随 $P_2O_5$ 施肥量的逐渐增加产量先逐渐上升然后再逐渐下降。二者的关系方程为：

$$Y = -0.081\,8X^2 + 27.586X + 13\,908\left(R^2 = 0.709\,6, P < 0.01\right) \qquad 2\text{-}25$$

求解方程，其最高产量施肥量 $X_{max} = 168.6 \text{ kg/hm}^2$。玉米 $P_2O_5$ 养分吸收量与

施肥量关系方程为：

$$y = -0.000\,6X^2 + 0.209\,4X + 121.84\left(R^2 = 0.733\,3, P < 0.01\right) \qquad 2\text{-}26$$

当施肥量等于养分吸收量时公式 2-26 变为：

$$-0.000\,6X_b^2 + 0.709\,6X_b + 121.84 = 0 \qquad 2\text{-}27$$

求解方程，其土壤养分平衡时的施肥量为 $X_b = 139.4\ \text{kg/hm}^2$。其与 $X_{\max} = 168.6\ \text{kg/hm}^2$ 相差 $29.2\ \text{kg/hm}^2$。二者的对应产量分别为 $16\,164\ \text{kg/hm}^2$ 和 $16\,234\ \text{kg/hm}^2$，相差 $70.0\ \text{kg/hm}^2$，相差比例不足 $0.5\%$，可以认为二者产量是相等的。即土壤养分收支平衡时的产量即为最高产量。因此，本文提出的假说是正确的。

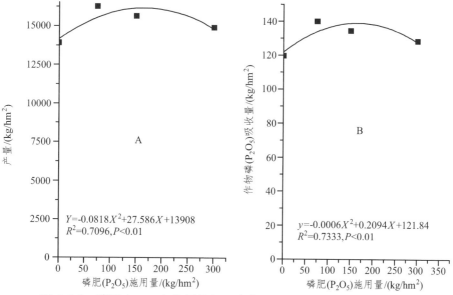

图 2-3-2　磷肥（$P_2O_5$）施用量与玉米产量和玉米磷素吸收量的关系

注：图中数据引自赵靓等《磷肥用量对土壤速效磷及玉米产量和养分吸收的影响》，2014

玉米产量和钾素（$K_2O$）养分吸收量与钾肥（$K_2O$）施肥量的关系如图 2-3-3 所示。由图可见，随 $K_2O$ 施肥量的逐渐升高玉米产量与 $K_2O$ 养分吸收量均呈现先上升后下降的规律。即二者与施肥量间均呈现抛物线型的曲线关系。其中，产量与施肥量的肥料效应函数方程表达式为：

$$Y = -0.080\,9X^2 + 24.958X + 9\,273\left(R^2 = 0.908\,2, P < 0.01\right) \qquad 2\text{-}28$$

求解方程，其最高产量施肥量 $X_{max} = 154.3\ kg/hm^2$。玉米 $K_2O$ 养分吸收量与施肥量关系方程为：

$$y = -0.001\,3X^2 + 0.536\,4X + 102.62\left(R^2 = 0.998\,5, P < 0.01\right) \qquad 2\text{-}29$$

当施肥量等于养分吸收量时公式 2-29 变为：

$$-0.001\,3X_b^2 + 0.463\,6X_b + 102.62 = 0 \qquad 2\text{-}30$$

求解方程，其土壤养分平衡时的施肥量为 $X_b = 154.5\ kg/hm^2$。其与 $X_{max} = 154.3\ kg/hm^2$ 相差 $0.2\ kg/hm^2$。二者的对应产量均为 $11\,198\ kg/hm^2$。因此，土壤养分平衡时的作物产量即为最高产量，土壤养分平衡施肥量与最高产量施肥量相等。因此，本文提出的假说"施肥量与养分吸收量相等，土壤养分收支平衡时，作物达到最高产量"是正确的。

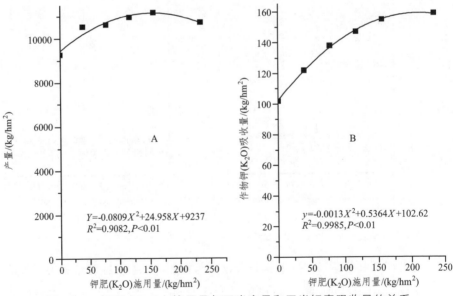

图 2-3-3　钾肥（$K_2O$）施用量与玉米产量和玉米钾素吸收量的关系

注：图中数据引自刘淑霞等《不同施钾量对玉米钾素吸收利用的影响研究》，2008

## 4. 水　稻

水稻产量和氮素（N）养分吸收量与氮肥（N）施肥量的关系如图 2-4-1 所示。由图可知，水稻产量随 N 施肥量的增加先升高后降低。二者间的肥料效应函数方程为：

$$Y = -0.056\,6X^2 + 22.279X + 5\,918.7 \left(R^2 = 0.966\,9, P < 0.01\right) \qquad 2\text{-}31$$

求解方程，其最高产量施肥量 $X_{\max} = 197.0$ kg/hm$^2$。水稻 N 养分吸收量与施肥量关系方程为：

$$y = -0.000\,9X^2 + 0.559\,5X + 93.138 \left(R^2 = 0.955\,2, P < 0.01\right) \qquad 2\text{-}32$$

当施肥量等于养分吸收量时公式 2-32 变为：

$$-0.000\,9X_b^2 + 0.440\,5X_b + 93.138 = 0 \qquad 2\text{-}33$$

求解方程，其土壤养分平衡时的施肥量为 $X_b = 159.5$ kg/hm$^2$。其与 $X_{\max} = 197.0$ kg/hm$^2$ 相差 37.5 kg/hm$^2$。二者的对应产量分别为 8 115 kg/hm$^2$ 和 8 035 kg/hm$^2$，相差 80.0 kg/hm$^2$，相差比例约为 1%。二者可以认为是相等的。因此，本文提出的假说是正确的。

同时，观察图 2-4-1（a）发现施肥量 135 kg/hm$^2$ 点的产量数据偏离曲线较大，因此，除去该点数据再进行曲线拟合。其拟合结果见图 2-4-1（b）。其中，棉花产量与氮肥施用量间的肥料效应函数方程变为：

$$Y = -0.072\,4X^2 + 26.096X + 5\,951.1 \left(R^2 = 0.998\,7, P < 0.01\right) \qquad 2\text{-}34$$

求解方程，其最高产量施肥量 $X_{\max} = 180.3$ kg/hm$^2$。水稻 N 养分吸收量与施肥量关系方程为：

$$y = -0.001\,6X^2 + 0.731\,6X + 94.605 \left(R^2 = 0.999\,5, P < 0.01\right) \qquad 2\text{-}35$$

当施肥量等于养分吸收量时公式 2-35 变为：

$$-0.001\,6X_b^2 + 0.268\,4X_b + 94.605 = 0 \qquad 2\text{-}36$$

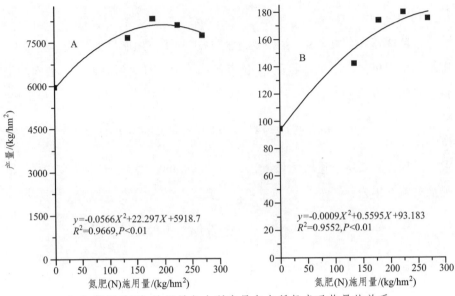

（a）氮肥（N）施用量与水稻产量和水稻氮素吸收量的关系

注：图中数据引曾勇军等《施氮量对高产早稻氮素利用特征及产量形成的影响》，2008

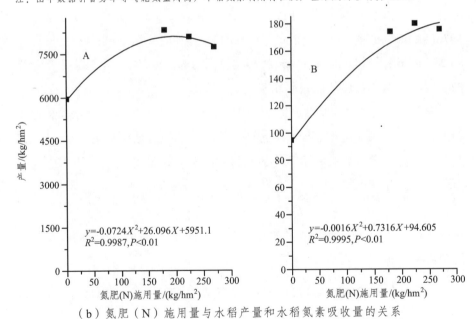

（b）氮肥（N）施用量与水稻产量和水稻氮素吸收量的关系

注：图中数据引曾勇军等《施氮量对高产早稻氮素利用特征及产量形成的影响》，2008

图 2-4-1

求解方程，其土壤养分平衡时的施肥量为 $X_b$ = 173.3 kg/hm$^2$。其与 $X_{max}$ = 180.3 kg/hm$^2$ 仅仅相差 7.0 kg/hm$^2$。二者的对应产量分别为 8 303 kg/hm$^2$ 和 8 299 kg/hm$^2$，相差仅为 4.0 kg/hm$^2$。因此，最高产量与土壤养分收支平衡时产量相等。即在土壤养分收支平衡时，作物产量达到最高。该结果证实了本文提出假设的正确性。

水稻产量和磷素（$P_2O_5$）养分吸收量与磷肥（$P_2O_5$）施肥量的关系如图 2-4-2 所示。由图 2-4-2（a）可知，随 $P_2O_5$ 施肥量的增加水稻产量与 N 养分吸收量均呈现先升高在降低的规律。即二者与施肥量间均呈现抛物线型的曲线关系。其中，产量与施肥量间的肥料效应函数方程表达式为：

$$Y = -0.058X^2 + 16.208X + 8\,220.4\left(R^2 = 0.913\,1, P < 0.01\right) \qquad 2\text{-}37$$

求解方程，其最高产量施肥量 $X_{max}$ = 139.7 kg/hm$^2$。水稻 $P_2O_5$ 养分吸收量与施肥量关系方程为：

$$y = -0.000\,7X^2 + 0.202\,6X + 102.75\left(R^2 = 0.913\,1, P < 0.01\right) \qquad 2\text{-}38$$

当施肥量等于养分吸收量时公式 2-38 变为：

$$-0.000\,7X_b^2 + 0.797\,4X_b + 102.75 = 0 \qquad 2\text{-}39$$

求解方程，其土壤养分平衡时的施肥量为 $X_b$ = 116.9 kg/hm$^2$。其与 $X_{max}$ = 139.7 kg/hm$^2$ 相差 23.6 kg/hm$^2$。二者的对应产量分别为 9 353 kg/hm$^2$ 和 9 322 kg/hm$^2$，相差仅为 31.0 kg/hm$^2$，相差比例约为 0.33%。可以忽略不计，即二者产量相等的。因此，本文假说正确。

如果除去 52.5 kg/hm$^2$ 施肥点数据再进行曲线拟合，其拟合结果见图 2-4-1（b），则产量与施肥量间的肥料效应函数方程变为：

$$Y = -0.066\,3X^2 + 17.339X + 8\,302.6\left(R^2 = 0.984\,6, P < 0.01\right) \qquad 2\text{-}40$$

求解方程，其最高产量施肥量 $X_{max}$ = 130.8 kg/hm$^2$。水稻 $P_2O_5$ 养分吸收量与施肥量关系方程变为：

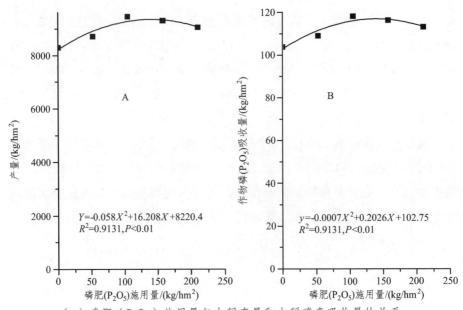

（a）磷肥（P₂O₅）施用量与水稻产量和水稻磷素吸收量的关系

注：图中数据引自姚洪军和宋存宇《不同磷肥施用量对水稻产量的影响》，2017

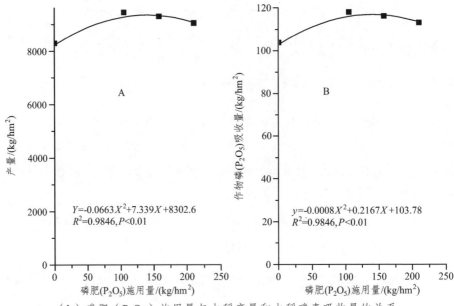

（b）磷肥（P₂O₅）施用量与水稻产量和水稻磷素吸收量的关系

注：图中数据引自姚洪军和宋存宇《不同磷肥施用量对水稻产量的影响》，2017

图 2-4-2

$$y = -0.000\,8X^2 + 0.216\,7X + 103.78\left(R^2 = 0.984\,6, P < 0.01\right) \qquad 2\text{-}41$$

当施肥量等于养分吸收量时公式 2-35 变为：

$$-0.000\,8X_b^2 + 0.783\,3X_b + 103.78 = 0 \qquad 2\text{-}42$$

求解方程，其土壤养分平衡时的施肥量为 $X_b = 118.2$ kg/hm$^2$。其与 $X_{\max} = 130.8$ kg/hm$^2$ 相差 12.6 kg/hm$^2$。二者的对应产量分别为 9 436 kg/hm$^2$ 和 9 426 kg/hm$^2$，相差仅为 10.0 kg/hm$^2$，相差比例不足 0.11%。因此，二者在统计学意义上是相等的。因此，在作物产量达到最大值时，施肥量等于养分吸收量，土壤养分收支平衡。因此，最高产量施肥量等于土壤养分收支平衡施肥量。所以，本文提出的假说时正确的。生产实践中按最高产量需肥量进行施肥即可保持土壤养分收支平衡。

水稻产量和钾素（K$_2$O）养分吸收量与钾肥（K$_2$O）施肥量的关系如图 2-4-3 所示。图中，水稻产量随 K$_2$O 施肥量的逐渐升高先上升后下降，二者间呈现抛物线型的曲线关系，其具体的方程表达式为：

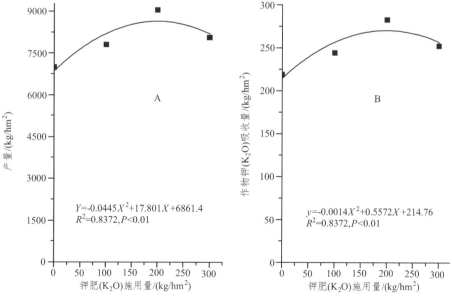

图 2-4-3 钾肥（K$_2$O）施用量与水稻产量和水稻钾素吸收量的关系

注：图中数据引周磅和文芬《不同氮、磷、钾肥施用量对水稻产量的影响》，2012

$$Y = -0.044\,5X^2 + 23.505X + 6\,861.4\left(R^2 = 0.837\,2, P < 0.01\right) \qquad 2\text{-}43$$

求解方程，其最高产量施肥量 $X_{\max} = 264.1$ kg/hm²。水稻 $K_2O$ 养分吸收量与施肥量间也呈抛物线型的曲线关系，具体表达式为：

$$y = -0.001\,4X^2 + 0.557\,2X + 214.76\left(R^2 = 0.837\,2, P < 0.01\right) \qquad 2\text{-}44$$

当施肥量等于养分吸收量时公式 2-23 变为：

$$-0.001\,4X_b^2 + 0.442\,8X_b + 214.76 = 0 \qquad 2\text{-}45$$

求解方程，其土壤养分平衡时的施肥量为 $X_b = 264.2$ kg/hm²。其与 $X_{\max} = 264.1$ kg/hm² 相差 0.1 kg/hm²。因此，二者是相等的。其对应产量为 965 kg/hm²。因此，最高产量施肥量与土壤养分平衡施肥量相等，最高产量时施肥量与作物养分吸收量相等，土壤养分输入与输出相等，土壤养分达到收支平衡。这证明本文提出的假说时正确的。

## 二、理论分析

上述实例分析结果证明土壤养分收支平衡即施肥量等于养分吸收量时，作物产量达到最高。而在施肥量达到土壤养分收支平衡点前，施肥量小于养分吸收量，此时土壤养分输出大于输入量，土壤肥力是衰竭的。而施肥量超出最高产量对应的养分吸收量后，土壤养分收支盈余。此时过量的养分可能被土壤保持，也有可能损失到环境中。

总体而言，作物产量、作物养分吸收量、土壤养分收支、土壤肥力随施肥量的关系可以分为 3 个阶段：第 1 阶段，随施肥的逐渐增加、作物产量逐渐升高、作物养分吸收量逐渐增加、土壤养分输入量小于输出量、土壤肥力亏损，因此，这一阶段的施肥量区间可以称之为"供肥不足区间"、作物产量区间定义为"产量上升区间"、作物养分吸收量区间定义为"养分吸收上升区"、土壤养分收支情况区间定义为"养分亏缺区间"、土壤肥力区间定义为"土壤肥力衰竭区间"。第 2 阶段，随施肥量的增加，作物产量变化幅度不大、作物养分吸收量浮动很小、土壤养分输出量等于输入量、土壤肥力与种植作物前相等，因此，这一阶段的施肥量区间定义为"供肥平衡区间"、作物产量区间定义为"最高产量区间"、作物养分吸收量区间定义为"养分吸收最大区"、土壤养分收支情况区间定义为"养分收支平衡区间"、土壤肥力区间定义为"土壤肥力盈亏平衡区间"。第 3 阶段，随施肥量的继续增加，作物产量逐渐下降、作物养分吸收量逐渐下降、土壤肥力缓慢提升，因此，这一阶段的施肥量区间定义为"供肥过剩区间"、作物产量区间定义为"产量下降区间"、作物养分吸收量区间定义为"养分吸收下降区"、土壤养分收支情况区间定义为"养分盈余区间"、土壤肥力区间定义为"土壤肥力提升区间"。施肥量、作物产量、作物养分吸收、土壤养分收支、土壤肥力变化区间对应情况详见表 2-1、图 2-5-1 和图 2-5-2。

表 2-1　施肥量、作物产量、作物养分吸收、土壤养分收支、土壤肥力变化区间对应表

| 项目指标 | 第 1 阶段 | 第 2 阶段 | 第 3 阶段 |
|---|---|---|---|
| 施肥量 | 供肥不足区间 | 供肥平衡区间 | 供肥过剩区间 |
| 作物产量 | 产量上升区间 | 最高产量区间 | 产量下降区间 |
| 作物养分吸收 | 养分吸收上升区间 | 养分吸收最大区 | 养分吸收下降区 |
| 土壤养分收支 | 土壤养分亏损区间 | 养分收支平衡区间 | 土壤养分盈余区间 |
| 土壤肥力 | 肥力衰竭区间 | 肥力平衡区间 | 肥力提升区间 |

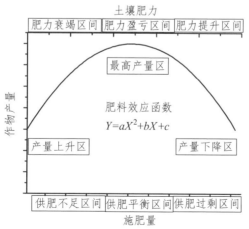

图 2-5-1　土壤施肥量、作物产量、土壤肥力变化关系

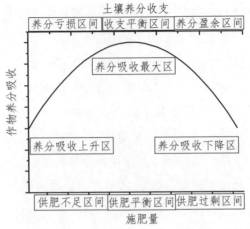

图 2-5-2　土壤施肥量、作物养分吸收、土壤养分收支变化关系

## 三、小　结

本章分析表明，施肥与作为产量、作为养分吸收、土壤养分收支平衡和土壤肥力盈亏存在密切联系。因此，施肥策略需要关注上述四方面的变化情况，做到科学合理施肥。根据养分归还学说施肥的最初目的是为了保持土壤肥力。因此，施肥首要关注的应该是土壤养分收支平衡。而土壤养分输出量即作物养分吸收量与土壤养分输入量即施肥量的关系是随作物产量情况发生变化的。具体而言，随施肥量的逐渐增加，作物产量先升高后降低，当作物产量处于上升区间时，施肥量小于养分输出量、土壤养分输出量大于输入量、土壤肥力衰竭；随着施肥量的继续增加，作物产量达到最高、作物养分施肥量等于施肥量、土壤养分输入输出平衡、土壤肥力盈亏平衡；随施肥量进一步增加，作物产量逐渐下降，作物养分吸收量逐渐下降，土壤养分输入大于输出，土壤肥力缓慢提升。因此，为了保持土壤肥力，施肥量应等于作物最高产量需肥量。施肥量超过最高产量需肥量后，土壤养分输入量大于作物养分吸收量，土壤养分输入盈余。但是，过量施肥可能引起土壤养分损失。因此，最佳的施肥量是土壤养分收支平衡时的施肥量，即作物最高产量时的养分吸收量。

# 第三章
# 高产、高效、生态平衡三位一体施肥量的
# 理论基础与应用

本书第二章分析证明，土壤养分收支平衡即施肥量等于作物养分吸收量时作物产量最高。在养分不发生损失的情况下，土壤养分收支平衡即为生态平衡，因此土壤养分收支平衡时的施肥量（$X_b$）就是生态平衡施肥量（$X_b$）。因此，作物最高产量施肥量（$X_{max}$）等于生态平衡施肥量（$X_b$），生态平衡产量等于最高产量。而在生产实践中，常常根据最佳经济产量确定施肥量。因为，根据报酬递减律，即在技术条件相对稳定的情况下，随着施肥量的增加，产量逐渐增加，但单位施肥量的增产量是依次递减的。因此，当单位施肥量的增产量为零时，达到最佳经济产量，其对应的施肥量为最佳经济施肥量（$X_{OEF}$）。一般情况下认为 $X_{OEF}<X_{max}$。那么，在生产实践中究竟是按 $X_{OEF}$ 还是 $X_{max}$ 进行施肥？

## 一、理论分析

肥料效应函数是指施肥量与作物产量间的函数，其表示方式为：

$$Y = aX^2 + bX + c \qquad\qquad 3\text{-}1$$

$Y$ 为施肥区域作物产量（$kg/hm^2$），$X$ 为施肥量（$kg/hm^2$），$a$、$b$、$c$ 为经验常数，其中 $a$ 为小于零负数，$b$ 为正数，$c$ 等于未施肥区域作物产量。公式 4-1 的一阶导数的表达式为：

$$Y' = 2aX + b \qquad\qquad 3\text{-}2$$

当公式 3-2 等于零时，其对应的 $X$ 为最高产量施肥量（$X_{max}$），其表达式为：

$$X_{max} = -\frac{b}{2a} \qquad\qquad 3\text{-}3$$

将公式 3-3 代入公式 3-1 得到最高产量（$Y_{max}$）的表达式：

$$Y_{max} = c - \frac{b^2}{4a} \qquad\qquad 3\text{-}4$$

因此，生产实践中，可以根据肥料效应函数，计算理论最高施肥量。如若求解 $X_{OEF}$，则式 3-2 的表达式变为：

$$P_C/P_F = 2aX_{OEF} + b \qquad\qquad 3\text{-}5$$

式中，$P_C$ 和 $P_F$ 分别为作物和肥料的单价。因此，最佳经济施肥量（$X_{OEF}$）的表达式为：

$$X_{OEF} = \frac{P_C/P_F - b}{2a} \qquad\qquad 3\text{-}6$$

生产实践中，通常推荐使用最佳经济施肥量（$X_{OEF}$），以求获得最佳经济效益。但是，仔细分析发现，最佳经济施肥量很难获得，甚至是错误的观点。其原因有：首先，在播种前无法准确获得作物收获后的销售价格，即播种时 $P_c$ 是未知的，因此，公式 3-6 无法进行计算；其次，更为最重要的是，肥料效应函数仅反映了肥料成本与经济效益间的关系，而经济效益是与总成本相关的，尤其是在现代农业条件下，肥料成本占总成本的比例很低，而其他成本如种子、机械、农药、人工、水电等费用是固定成本，不随产量的变化而增减，因此，在产量增加的情况下，尽管肥料成本有所增加，但由于其比例不高，所以作物单产总成本（$P_T$）可能是降低的，即当作物产量达到最高产量时其单总产成本最低，此时，经济效益（$P_C/P_T$）达到最大值。根据上述分析，最高产量施肥量（$X_{max}$）等于最佳经济施肥量，即：

$$X_{OEF} = X_{max} = -\frac{b}{2a} \qquad\qquad 3\text{-}7$$

## 二、实例分析

### 1. 棉　花

假设某田块籽棉最高为 $6\,000\ \mathrm{kg/hm^2}$，基础产量（不施肥时籽棉产量）为 $3\,500\ \mathrm{kg/hm^2}$，按籽棉每千克产量需要的氮（N）、磷（$P_2O_5$）、钾（$K_2O$）数量为 $0.05\ \mathrm{kg}$、$0.018\ \mathrm{kg}$ 和 $0.04\ \mathrm{kg}$ 计算，则氮（N）、磷（$P_2O_5$）、钾（$K_2O$）施用量分别为 $300\ \mathrm{kg/hm^2}$、$108\ \mathrm{kg/hm^2}$ 和 $240\ \mathrm{kg/hm^2}$，假设磷（$P_2O_5$）、钾（$K_2O$）施用量不变，则氮（N）的肥料效应函数中的经验常数 $a$、$b$、$c$ 可以表示为：

$$-\frac{b}{2a} = 300 \qquad\qquad 3\text{-}8$$
$$c = 3500 \qquad\qquad 3\text{-}9$$
$$6000 = c - \frac{b^2}{4a} \qquad\qquad 3\text{-}10$$

求解得

$$a = -0.027\,78$$
$$b = 16.667$$
$$c = 3\,500$$

因此，氮元素肥料效应函数为：

$$Y = -0.027\,78X^2 + 16.666\,7X + 3\,500 \qquad\qquad 3\text{-}11$$

以新疆棉花生产为例，其每公顷（$\mathrm{hm^2}$）棉花达到最高产量的成本见表 3-1。在表 4-1 中，化肥为 N、$P_2O_5$、$K_2O$ 的总量，如果氮、磷、钾分别使用尿素、三料磷肥和硫酸钾，为了方便计算，三种化肥 N、$P_2O_5$ 和 $K_2O$ 的含量均按 46% 计算，化肥单价在 2.0 元/kg 左右，因此，养分肥料的价格按 4.0 元/kg 计算；水电费用未进行单价计算，仅给出总价；机械费用包括春耕整地和机械采摘两部分费用。

表 3-1　新疆棉花 6 000 kg/ hm$^2$ 生产成本

| 项　目 | 用量 | 单价（元） | 总价（元） |
|---|---|---|---|
| 地膜（kg） | 90 | 12 | 1080 |
| 滴灌带（m） | 15000 | 0.15 | 2250 |
| 养分肥料（kg） | 648 | 4 | 2592 |
| 种子（kg） | 30 | 20 | 600 |
| 水电费 | | | 2250 |
| 机械 | | | 5250 |
| 共　计 | | | 14022 |

　　为了详细说明本文提出的观点，比较传统方法最佳经济产量和最高产量对应的经济效益状况。其中，棉花单价分别按 7.0、8.0、9.0、10.0、11.0、12.0、13.0 和 14.0 元/kg 计算，则按传统最佳经济产量方法和最高产量方法计算得到的生产成本、利润和效益比列于表 3-2。

表 3-2　传统最佳经济产量法和最高产量法计算的棉花生产成本、利润和效益比

| 棉花单价 | $P_C/P_F$ | 传统最佳经济产量法 | | | | | 最高产量法 | | | |
|---|---|---|---|---|---|---|---|---|---|---|
| | | 最佳经济施肥量 | 最佳经济产量 | 成本 | 利润 | 效益比 | 最高产量 | 成本 | 利润 | 效益比 |
| | | kg/hm$^2$ | | 元/hm$^2$ | | | (kg/hm$^2$) | 元/hm$^2$ | | |
| 7 | 1.75 | 268 | 5 972 | 13 896 | 27 910 | 2.0 | 6 000 | 14 022 | 27 978 | 2.0 |
| 8 | 2 | 264 | 5 964 | 13 878 | 33 833 | 2.4 | 6 000 | 14 022 | 33 978 | 2.4 |
| 9 | 2.25 | 259 | 5 954 | 13 860 | 39 728 | 2.9 | 6 000 | 14 022 | 39 978 | 2.9 |
| 10 | 2.5 | 255 | 5 944 | 13 842 | 45 594 | 3.3 | 6 000 | 14 022 | 45 978 | 3.3 |
| 11 | 2.75 | 250 | 5 932 | 13 824 | 51 426 | 3.7 | 6 000 | 14 022 | 51 978 | 3.7 |
| 12 | 3 | 246 | 5 919 | 13 806 | 57 220 | 4.1 | 6 000 | 14 022 | 57 990 | 4.1 |
| 13 | 3.25 | 241 | 5 905 | 13 788 | 62 974 | 4.6 | 6 000 | 14 022 | 64 004 | 4.6 |
| 14 | 3.5 | 237 | 5 890 | 13 770 | 68 684 | 5.0 | 6 000 | 14 022 | 70 020 | 5.0 |

*$P_C/P_F$=棉花单价/养分肥料（N）单价，效益比＝利润/成本。

由表 3-2 可知，在不同棉花价格条件下，最佳经济产量法的生产成本和利润略低于最高产量法的生产成本和利润，但两种方法的效益比是相等的。因此，从经济效益的角度出发，两种方法没有差别。即最高产量施肥量等于最佳经济产量施肥量。同时，结合第二章内容可知，在最高产量时，作物养分吸收量等于施肥量，此时土壤养分收支平衡。因此，最高产量施肥量等于生态平衡施肥量。另外，如果按照传统最佳经济产量施肥量进行施肥，则土壤养分的输入量小于输出量，长此以往，将会导致土壤肥力下降。而且，由于作物单价经常变化，生产过程中很难准确获得 $P_C/P_F$ 值，因此无法准确获得最佳经济产量施肥量。而最高产量非常容易确定，因此，采用最高产量法确定施肥量在生产实践中可操作性更强。

综上所述，在理论上最佳经济产量施肥量、生态平衡施肥量和最高产量施肥量三者是相等的。在生产实践中，最高产量施肥量最容易确定，可操作性最强，因此，生产中推荐使用最高产量法确定施肥量。

## 2. 小 麦

假设某田块冬小麦最高为 7 500 kg/hm²，基础产量（不施肥时小麦产量）为 3 600 kg/hm²，每千克冬小麦需要氮肥（N）、磷肥（P₂O₅）、钾肥（K₂O）数量按 0.03 kg、0.012 5 kg 和 0.025 kg 计算，则氮（N）、磷（P₂O₅）、钾（K₂O）施用量分别为 215 kg/hm²、93.75 kg/hm² 和 187.5 kg/hm²。磷（P₂O₅）、钾（K₂O）施用量保持在最高产量施肥量不变，则氮（N）的肥料效应函数中的经验常数 $a$、$b$、$c$ 可以表示为：

$$\begin{cases} -\dfrac{b}{2a} = 215 & \text{3-12} \\ c = 3\,600 & \text{3-13} \\ 7\,500 = c - \dfrac{b^2}{4a} & \text{3-14} \end{cases}$$

求解得

$$\begin{cases} a = -0.02109 \\ b = 9.0698 \\ c = 3600 \end{cases}$$

因此，肥料效应函数为：

$$Y = -0.02109X^2 + 9.0698X + 3600 \qquad\qquad 3\text{-}15$$

全国 2014 年主要小麦生产省份小麦种植成本情况见表 3-3。在表 3-3 中，化肥成本在物资与服务费用中，如果氮按尿素计算，其纯 N 含量均为 46%，尿素单价在 2.0 元/kg 左右，为方便计算纯 N 价格按 4.0 元/kg 计算。因此，非氮肥其他成本合计由总成本减去氮肥成本，其计算结果列于表 3-3。

表 3-3　中国主要小麦生产省份 2014 年小麦种植成本　　　元/hm²

| 项　目 | 河南 | 山东 | 河北 | 安徽 | 江苏 | 全国 |
|---|---|---|---|---|---|---|
| 物资与服务费用 | 6 255 | 7 110 | 7 095 | 5 850 | 6 330 | 6 285 |
| 人工 | 5 130 | 5 430 | 5 700 | 1 965 | 4 020 | 5 475 |
| 土地 | 3 795 | 2 310 | 2 565 | 2 700 | 2 895 | 2 715 |
| 成本合计 | 15 180 | 14 850 | 15 360 | 10 515 | 13 245 | 14 475 |
| 非氮肥其他成本合计 | 14 320 | 13 990 | 14 500 | 9 655 | 12 385 | 13 615 |

*数据引自：http://www.zgxcfx.com/sannongzixun/85102.html

*非氮肥其他成本合计 = 成本合计 − 氮肥成本

*$P_C/P_F$ = 小麦单价/养分肥料（N）单价，效益比 = 利润/成本。

比较传统方法最佳经济产量和最高产量对应的经济效益状况。其中，冬小麦单价按不同地区单独计算。按传统最佳经济产量方法和最高产量方法计算得到的生产成本、利润和效益比列于表 3-4。

由表 3-4 可知，由传统最佳经济产量法计算得到的最佳经济产量为 7 499 kg/hm²，而最高产量为 7 500 kg/hm²，二者可以认为是相等的。而且，两种方法计算得到的效益比也是相等的。这说明最佳经济产量等于最高产量，即最佳经济施肥量等于最高产量施肥量。因此，本文提出的观点是正确的。

表 3-4　传统最佳经济产量法和最高产量法计算的冬小麦生产成本、利润和效益比

| 区域 | 小麦单价 (元/kg) | $P_C/P_F$ | 传统最佳经济产量法 | | | | | 最高产量法 | | | |
| | | | 最佳经济施肥量 | 最佳经济产量 | 成本 | 利润 | 效益比 | 最高产量 (kg/hm²) | 成本 | 利润 | 效益比 |
| | | | (kg/hm²) | | (元/hm²) | | | | (元/hm²) | | |
| 河南 | 2.3 | 0.6 | 212 | 7 499 | 15 166 | 2 081 | 0.14 | 7 500 | 15 180 | 2 070 | 0.14 |
| 山东 | 2.5 | 0.575 | 211 | 7 499 | 14 835 | 3 912 | 0.26 | 7 500 | 14 850 | 3 900 | 0.26 |
| 河北 | 2.5 | 0.625 | 211 | 7 499 | 15 345 | 3 402 | 0.22 | 7 500 | 15 360 | 3 390 | 0.22 |
| 安徽 | 2.3 | 0.575 | 212 | 7 499 | 10 501 | 6 746 | 0.64 | 7 500 | 10 515 | 6 735 | 0.64 |
| 江苏 | 2.4 | 0.6 | 211 | 7 499 | 13 231 | 4 767 | 0.36 | 7 500 | 13 245 | 4 755 | 0.36 |
| 全国 | 2.4 | 0.6 | 211 | 7 499 | 14 461 | 3 537 | 0.24 | 7 500 | 14 475 | 3 525 | 0.24 |

*棉小麦单价数据引自：http://www.zgxcfx.com/sannongzixun/85102.html

## 3. 玉　米

假设某高产田块玉米最高为 $Y_{max}$，基础产量（不施肥时玉米产量）为 $Y_B$，玉米每千克需要氮（N）、磷（$P_2O_5$）、钾（$K_2O$）数量按 0.0257 kg、0.01 kg 和 0.025 kg 计算，则氮（N）、磷（$P_2O_5$）、钾（$K_2O$）施用量分别为 360 kg/hm²、120 kg/hm² 和 300 kg/hm²。磷（$P_2O_5$）、钾（$K_2O$）施用量保持在最高产量施肥量不变，则氮（N）的肥料效应函数中的经验常数 $a$、$b$、$c$ 可以表示为：

$$\begin{cases} -\dfrac{b}{2a} = 0.0257Y_{max} & \text{3-16} \\[2mm] c = Y_B & \text{3-17} \\[2mm] Y_{max} = c - \dfrac{b^2}{4a} & \text{3-18} \end{cases}$$

求解得

$$\begin{cases} a = -\dfrac{b}{2*0.0257Y_{max}} \\[3mm] b = \dfrac{2\left(Y_{max} - Y_B\right)}{0.0257Y_{max}} \\[3mm] c = Y_B \end{cases}$$

因此，氮素肥料效应函数为：

$$Y = -\frac{Y_{max} - Y_B}{(0.0257Y_{max})^2}X^2 + \frac{2(Y_{max} - Y_B)}{0.0257Y_{max}}X + Y_B \qquad 3\text{-}19$$

玉米最高产量（$Y_{max}$）按 10 000 kg/hm² 计算，如果氮肥按尿素计算，其纯 N 含量均为 46%，尿素单价在 2.0 元/kg 左右，为方便计算纯 N 价格按 4.0 元/kg 计算。其他成本按 5400 元/hm² 计算。玉米价格分别按 1.5 元/kg 计算。在基础产量（$Y_B$）分别为 7 500 kg/hm²、7 000 kg/hm²、6 500 kg/hm²、6 000 kg/hm²、5 500 kg/hm² 和 5 000 kg/hm² 情况下比较传统方法最佳经济产量和最高产量对应的经济效益状况。按传统最佳经济产量方法和最高产量方法计算得到的生产成本、利润和效益比列于表 3-5。

表 3-5　传统最佳经济产量法和最高产量法计算的玉米生产成本、利润和效益比

| 最高产量 | 基础产量 | $a$ | $b$ | 玉米单价 (元/kg) | $P_C/P_F$ | 最佳经济施肥量 | 最佳产量 | 成本 | 利润 | 效益比 | 最高产量 kg/hm² | 成本 | 利润 | 效益比 |
|---|---|---|---|---|---|---|---|---|---|---|---|---|---|---|
| kg/hm² | | | | | | kg/hm² | | 元/hm² | | | | 元/hm² | | |
| 10 000 | 7 500 | −0.037 9 | 19.46 | 1.5 | 0.375 | 252 | 0.375 | 6 600 | 8 398 | 1.27 | 10 000 | 6 600 | 8 400 | 1.27 |
| 10 000 | 7 000 | −0.045 4 | 23.35 | 1.5 | 0.375 | 253 | 0.375 | 6 600 | 8 399 | 1.27 | 10 000 | 6 600 | 8 400 | 1.27 |
| 10 000 | 6 500 | −0.053 0 | 27.24 | 1.5 | 0.375 | 253 | 0.375 | 6 600 | 8 399 | 1.27 | 10 000 | 6 600 | 8 400 | 1.27 |
| 10 000 | 6 000 | −0.060 6 | 31.13 | 1.5 | 0.375 | 254 | 0.375 | 6 600 | 8 399 | 1.27 | 10 000 | 6 600 | 8 400 | 1.27 |
| 10 000 | 5 500 | −0.068 1 | 35.02 | 1.5 | 0.375 | 254 | 0.375 | 6 600 | 8 399 | 1.27 | 10 000 | 6 600 | 8 400 | 1.27 |
| 10 000 | 5 000 | −0.075 7 | 38.91 | 1.5 | 0.375 | 255 | 0.375 | 6 600 | 8 399 | 1.27 | 10 000 | 6 600 | 8 400 | 1.27 |

*$P_C/P_F$ = 玉米单价/养分肥料（N）单价，效益比 = 利润/成本，
*$a$、$b$ 为肥料效应函数的方程参数

由表 3-5 可知，在基础产量变化而玉米最高产量为 10 000 kg/hm² 情况下，传统方法计算的最佳经济产量和最高产量相等，生产成本、利用和效益比也均相等。这说明本文提出的观点是正确的。其原因应该是最

佳经济施肥量与最高产量施肥量比较接近，因而基础产量对最佳经济产量的影响较小，导致其与最高产量间的差距可以忽略。例如，本例中，玉米最佳经济产量变化区间为 252 kg/hm² ~ 255 kg/hm² 之间，而最高产量施肥量为 257 kg/hm²。因此，最佳经济施肥量与最高产量施肥量间差异很小。所以，可以认为最佳经济施肥量等于最高产量施肥量，最高产量即为最佳经济产量。

### 4. 水　稻

假设某稻田其基础产量（不施肥时水稻产量）$Y_B$ 为 7 000 kg/hm²，水稻每千克需要氮（N）、磷（$P_2O_5$）、钾（$K_2O$）数量按 0.024 kg、0.012 5 kg 和 0.031 3 kg 计算。磷（$P_2O_5$）、钾（$K_2O$）施用量分别为 150 kg/hm²、和 375 kg/hm²。磷（$P_2O_5$）、钾（$K_2O$）施用量保持在最高产量施肥量不变，则氮（N）的肥料效应函数中的经验常数 $a$、$b$、$c$ 可以表示为：

$$\begin{cases} -\dfrac{b}{2a} = 0.024Y_{max} & \text{3-20} \\ c = Y_B = 7000 & \text{3-21} \\ Y_{max} = c - \dfrac{b^2}{4a} & \text{3-22} \end{cases}$$

求解得

$$\begin{cases} a = -\dfrac{b}{0.048Y_{max}} \\ b = \dfrac{2\left(Y_{max} - Y_B\right)}{0.03Y_{max}} \\ c = Y_B \end{cases}$$

因此，氮素肥料效应函数为：

$$Y = -\frac{b}{2*0.03Y_{max}}X^2 + \frac{2\left(Y_{max} - Y_B\right)}{0.03Y_{max}}X + Y_B \qquad \text{3-23}$$

如果氮肥按尿素计算，其纯 N 含量均为 46%，尿素单价在 2.0 元/kg 左右，为方便计算纯 N 价格按 4.0 元/kg 计算。其他成本按 8850 元/hm² 计算。

水稻价格分别按 2.0 元/kg 计算。在最高产量（$Y_B$）分别为 12 000 kg/hm²、11 500 kg/hm²、11 000 kg/hm²、10 500 kg/hm²、10 000 kg/hm² 和 95 000 kg/hm² 情况下比较传统方法最佳经济产量和最高产量对应的经济效益状况。按传统最佳经济产量方法和最高产量方法计算得到的生产成本、利润和效益比列于表 3-6。

表 3-6　传统最佳经济产量法和最高产量法计算的水稻生产成本、利润和效益比

| 最高产量 | 基础产量 | $a$ | $b$ | 水稻单价（元/kg） | 传统最佳经济产量法 | | | | | 最高产量法 | | | |
|---|---|---|---|---|---|---|---|---|---|---|---|---|---|
| | | | | | 最佳经济施肥量 | 最佳经济产量 | 成本 | 利润 | 效益比 | 最高产量 kg/hm² | 成本 | 利润 | 效益比 |
| kg/hm² | | | | | $P_C/P_F$ | kg/hm² | 元/hm² | | | | 元/hm² | | |
| 12 000 | 7 000 | −0.060 3 | 34.72 | 2.0 | 0.5 | 284 | 11 999 | 10 002 | 13 996 | 1.40 | 12 000 | 10 002 | 13 998 | 1.40 |
| 11 500 | 7 000 | −0.059 1 | 32.61 | 2.0 | 0.5 | 272 | 11 499 | 9 954 | 13 044 | 1.31 | 11 500 | 9 954 | 13 046 | 1.31 |
| 11 000 | 7 000 | −0.057 4 | 30.30 | 2.0 | 0.5 | 260 | 10 999 | 9 906 | 12 092 | 1.22 | 11 000 | 9 906 | 12 094 | 1.22 |
| 10 500 | 7 000 | −0.055 1 | 27.78 | 2.0 | 0.5 | 247 | 10 499 | 9 858 | 11 140 | 1.13 | 10 500 | 9 858 | 11 142 | 1.13 |
| 10 000 | 7 000 | −0.052 1 | 25.00 | 2.0 | 0.5 | 235 | 9 999 | 9 810 | 10 188 | 1.04 | 10 000 | 9 810 | 10 190 | 1.04 |
| 9 500 | 7 000 | −0.048 1 | 21.93 | 2.0 | 0.5 | 223 | 9 499 | 9 762 | 9 236 | 0.95 | 9 500 | 9 762 | 9 238 | 0.95 |

*$P_C/P_F$=水稻单价/养分肥料（N）单价，效益比＝利润/成本，
*$a$、$b$ 为肥料效应函数的方程参数

由表 3-6 可知，在基础产量不变而最高产量变化情况下，传统方法计算的水稻最佳经济产量和最高产量仅仅相差 1 kg/hm²，生产成本、利用和效益比也均相等。当水稻最高产量分比为 12 000 kg/hm²、11 500 kg/hm²、11 000 kg/hm²、10 500 kg/hm²、10 000 kg/hm² 和 95 000 kg/hm² 时，其对应的最高施肥量分别为 288 kg/hm²、276 kg/hm²、264 kg/hm²、252 kg/hm²、240 kg/hm² 和 228 kg/hm²，而其对应最佳经济施肥量分别为 284 kg/hm²、272 kg/hm²、260 kg/hm²、247 kg/hm²、235 kg/hm² 和 223 kg/hm²，最高施肥量仅仅高出最佳经济施肥量 4 kg/hm² 或 5 kg/hm²，二者可以认为是相等的。因此，本文提出的观点是正确的。

## 三、实例验证

### 1. 棉　花

棉花产量与氮肥（N）施肥量间的关系如图 3-1 所示，棉花产量随施肥量的增加先升高再降低。二者间的关系方程即肥料效应函数表达式为：

$$Y = -0.008\,3X^2 + 5.290\,2X + 2\,895.4\left(R^2 = 0.941\,7, P < 0.01\right) \qquad 3\text{-}24$$

式中，$Y$ 为棉花产量（$kg/hm^2$），$X$ 为 N 施肥量（$kg/hm^2$）。

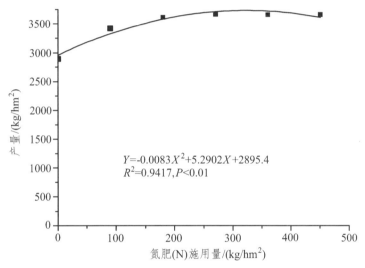

$Y = -0.0083X^2 + 5.2902X + 2895.4$
$R^2 = 0.9417, P < 0.01$

图 3-1　棉花产量与氮肥（N）施用量关系

注：图中数据引自李鹏程等《施氮量对棉花功能叶片生理特性、氮素利用效率及产量的影响》，2015

根据公式 3-24 计算求得最高产量施肥量 $X_{max} = 318.7\ kg/hm^2$，对应最高产量 $Y_{max} = 3\,738\ kg/hm^2$。如果氮肥按尿素计算，其纯 N 含量均为 46%，尿素单价在 2.0 元/kg 左右，为方便计算纯 N 价格按 4.0 元/kg 计算。其他成本按 7500 元/$hm^2$ 计算。棉花价格分别按 6.0 元/kg、6.5 元/kg、7.0 元/kg、7.5 元/kg、8.0 元/kg 和 8.5 元/kg 计算。比较传统方法最佳经济产量和最高产量对应的经济效益状况。相关计算结果列于表 3-7-1。

表 3-7-1　基于肥料效应函数方程计算的传统最佳经济产量和
最高产量对应的棉花生产成本、利润和效益比

| 其他成本 元/hm² | 籽棉单价 元/kg | 传统最佳经济产量法 | | | | | 最高产量法 | | | | |
|---|---|---|---|---|---|---|---|---|---|---|---|
| | | 最佳经济施肥量 | 产量 | 成本 | 利润 | 效益比 | 施肥量 | 产量 | 成本 | 利润 | 效益比 |
| | | $P_C/P_F$ | kg/hm² | 元/hm² | | | kg/hm² | | 元/hm² | | |
| 7 500 | 6.0 | 1.5 | 228 | 3 671 | 8 413 | 13 610 | 1.62 | 318.7 | 3 738 | 8 775 | 13 655 | 1.56 |
| 7 500 | 6.5 | 1.625 | 221 | 3 659 | 8 383 | 15 399 | 1.84 | 318.7 | 3 738 | 8 775 | 15 525 | 1.77 |
| 7 500 | 7.0 | 1.75 | 213 | 3 646 | 8 353 | 17 170 | 2.06 | 318.7 | 3 738 | 8 775 | 17 394 | 1.98 |
| 7 500 | 7.5 | 1.875 | 206 | 3 632 | 8 323 | 18 921 | 2.27 | 318.7 | 3 738 | 8 775 | 19 263 | 2.20 |
| 7 500 | 8.0 | 2 | 198 | 3 618 | 8 293 | 20 650 | 2.49 | 318.7 | 3 738 | 8 775 | 21 132 | 2.41 |
| 7 500 | 8.5 | 2.125 | 191 | 3 602 | 8 263 | 22 357 | 2.71 | 318.7 | 3 738 | 8 775 | 23 001 | 2.62 |

*$P_C/P_F$=棉花籽棉单价/养分肥料（N）单价，效益比=利润/成本，下同。

　　由表 3-7-1 可知，当棉花价格分别为 6.0 元/kg、6.5 元/kg、7.0 元/kg、7.5 元/kg、8.0 元/kg 和 8.5 元/kg 时，其对应的最佳经济施肥量分别为 228 kg/hm²、221 kg/hm²、206 kg/hm²、198 kg/hm² 和 191 kg/hm²，显著低于最高产量施肥量 318 kg/hm²。而上述棉花价格条件下，最佳经济产量时的效益比分别为 1.62、1.84、2.06、2.27、2.49 和 2.71，明显高于最高产量时的效益比 1.56、1.77、1.98、2.20、2.41 和 2.62。本文提出的观点似乎是错误的。

　　然而，仔细分析后发现，由肥料效应函数计算得到的最高产量施肥量 $X_{max}$ = 318.7 kg/hm² 明显偏高。由图 3-1 可知，施肥量 180 kg/hm² ~ 450 kg/hm² 区间对应的产量区间为 3 611.2 kg/hm² ~ 3 661.7 kg/hm²。因此，从实测数据角度而言，180 kg/hm² 左右施肥量即可达到最高产量。而如果按照第二章的结论，最高产量时土壤养分收支平衡，即此时的施肥量等于作物养分吸收量。按此计算，肥料效应函数对应的最高产量为 3 738 kg/hm²，按每千克籽棉产量需 N0.05 kg 计算，最高产量施肥量 $X_{max}$ = 186.9 kg/hm²。按此施肥量计算，棉花价格分别为 6.0 元/kg、6.5 元/kg、7.0 元/kg、7.5 元/kg、8.0 元/kg 和 8.5 元/kg 时对应的最高产量效益比分别为 1.72、1.95、2.17、2.40、2.63

和 2.85，明显高于由肥料效应函数方法计算的最佳经济施肥量对应的效益比（表 3-7-2）。而如果按实测最高产量 3 661.7 kg/hm² 计算，则最高施肥量 $X_{max}$ = 183.1 kg/hm²。此时不同价格对应的最高产量效益比分别为 1.67、1.89、2.11、2.34、2.56 和 2.78，明显高于最佳经济施肥量对应的效益比（表 3-7-3）。上述数据验证了本书提出的主要观点：最高产量施肥量等于最佳经济施肥量、最高产量等于最佳经济产量。

表 3-7-2　基于土壤养分收支平衡计算的传统最佳经济产量和
最高产量对应的棉花生产成本、利润和效益比

| 其他成本 元/hm² | 棉花单价 元/kg | 传统最佳经济产量法 | | | | | 最高产量法 | | | | |
|---|---|---|---|---|---|---|---|---|---|---|---|
| | | 最佳经济施肥量 | 产量 | 成本 | 利润 | 效益比 | 施肥量 | 产量 | 成本 | 利润 | 效益比 |
| | | $P_C/P_F$ | kg/hm² | 元/hm² | | | kg/hm² | 元/hm² | | | |
| 7 500 | 6.0 | 1.5 | 228 | 3 671 | 8 413 | 13 610 | 1.62 | 186.9 | 3 738 | 8 248 | 14 180 | 1.72 |
| 7 500 | 6.5 | 1.625 | 221 | 3 659 | 8 383 | 15 399 | 1.84 | 186.9 | 3 738 | 8 248 | 16 049 | 1.95 |
| 7 500 | 7.0 | 1.75 | 213 | 3 646 | 8 353 | 17 170 | 2.06 | 186.9 | 3 738 | 8 248 | 17 918 | 2.17 |
| 7 500 | 7.5 | 1.875 | 206 | 3 632 | 8 323 | 18 921 | 2.27 | 186.9 | 3 738 | 8 248 | 19 787 | 2.40 |
| 7 500 | 8.0 | 2 | 198 | 3 618 | 8 293 | 20 650 | 2.49 | 186.9 | 3 738 | 8 248 | 21 656 | 2.63 |
| 7 500 | 8.5 | 2.125 | 191 | 3 602 | 8 263 | 22 357 | 2.71 | 186.9 | 3 738 | 8 248 | 23 525 | 2.85 |

表 3-7-3　基于实测最高产量计算的传统最佳经济产量和
最高产量对应的棉花生产成本、利润和效益比

| 其他成本 元/hm² | 棉花单价 元/kg | 传统最佳经济产量法 | | | | | 最高产量法 | | | | |
|---|---|---|---|---|---|---|---|---|---|---|---|
| | | 最佳经济施肥量 | 产量 | 成本 | 利润 | 效益比 | 施肥量 | 产量 | 成本 | 利润 | 效益比 |
| | | $P_C/P_F$ | kg/hm² | 元/hm² | | | kg/hm² | 元/hm² | | | |
| 7 500 | 6.0 | 1.5 | 228 | 3 671 | 8 413 | 13 610 | 1.62 | 183.1 | 3 662 | 8 232 | 13 738 | 1.67 |
| 7 500 | 6.5 | 1.625 | 221 | 3 659 | 8 383 | 15 399 | 1.84 | 183.1 | 3 662 | 8 232 | 15 569 | 1.89 |
| 7 500 | 7.0 | 1.75 | 213 | 3 646 | 8 353 | 17 170 | 2.06 | 183.1 | 3 662 | 8 232 | 17 400 | 2.11 |
| 7 500 | 7.5 | 1.875 | 206 | 3 632 | 8 323 | 18 921 | 2.27 | 183.1 | 3 662 | 8 232 | 19 230 | 2.34 |
| 7 500 | 8.0 | 2 | 198 | 3 618 | 8 293 | 20 650 | 2.49 | 183.1 | 3 662 | 8 232 | 21 061 | 2.56 |
| 7 500 | 8.5 | 2.125 | 191 | 3 602 | 8 263 | 22 357 | 2.71 | 183.1 | 3 662 | 8 232 | 22 892 | 2.78 |

### 2. 小　麦

小麦产量与氮肥（N）施肥量间的关系如图 3-2 所示。二者间的肥料效应函数方程为：

$$Y = -0.059X^2 + 25.594X + 3\,390\left(R^2 = 0.983\,9, P < 0.01\right) \qquad 3\text{-}25$$

式中，$Y$ 为小麦产量（kg/hm²），$X$ 为 N 施肥量（kg/hm²）。

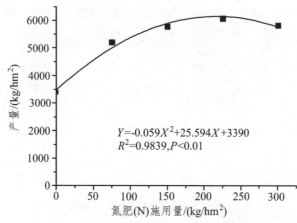

图 3-2　小麦产量与氮肥（N）施用量关系

注：图中数据引自詹其厚等《氮肥对小麦产量和品质的影响及其肥效研究》，2003

根据肥料效应函数方程计算求得最高产量施肥量 $X_{max}$ = 216.9 kg/hm²，对应最高产量 $Y_{max}$ = 6 166 kg/hm²。如果氮肥按尿素计算，其纯 N 含量均为 46%，尿素单价在 2.0 元/kg 左右，为方便计算纯 N 价格按 4.0 元/kg 计算。其他成本按 4 500 元/hm²、5 000 元/hm²、5 500 元/hm²、6 000 元/hm²、6 500 元/hm²、7 000 元/hm² 和 7 500 元/hm² 计算。小麦价格 2.4 元/kg 计算。比较传统方法最佳经济产量和最高产量对应的经济效益状况。按传统最佳经济产量方法和最高产量方法计算得到的生产成本、利润和效益比列于表 3-8。

由表 3-8 可知，最佳经济施肥量为 212 kg/hm²，与最高产量施肥量 $X_{max}$ = 216.9 kg/hm² 仅仅相差 4.9 kg/hm²。最佳经济产量为 61 649 kg/hm²，仅仅比最高产量低 2.0 kg/hm²。而且，在不同成本时最佳经济产量和最高产量对应的效益比是相等的。因此，最佳经济施肥量与最高产量施肥量是相等的、最高经济产量与最高产量也是相等的。即本文提出的观点是正确的。

表 3-8　基于肥料效应函数计算的传统最佳经济产量和
最高产量对应的小麦生产成本、利润和效益比

| 其他成本元/hm² | 小麦单价元/kg | 传统最佳经济产量法 | | | | | 最高产量法 | | | | |
|---|---|---|---|---|---|---|---|---|---|---|---|
| | | $P_c/P_F$ | 最佳经济施肥量 | 产量 | 总成本 | 利润 | 效益比 | 施肥量 | 产量 | 成本 | 利润 | 效益比 |
| | | | kg/hm² | | 元/hm² | | | kg/hm² | | 元/hm² | | |
| 4 500 | 2.4 | 0.6 | 212 | 6 164 | 5 347 | 9 447 | 1.77 | 216.9 | 6 165.6 | 5 367.6 | 9 430.0 | 1.76 |
| 5 000 | 2.4 | 0.6 | 212 | 6 164 | 5 847 | 8 947 | 1.53 | 216.9 | 6 165.6 | 5 867.6 | 8 930.0 | 1.52 |
| 5 500 | 2.4 | 0.6 | 212 | 6 164 | 6 347 | 8 447 | 1.33 | 216.9 | 6 165.6 | 6 367.6 | 8 430.0 | 1.32 |
| 6 000 | 2.4 | 0.6 | 212 | 6 164 | 6 847 | 7 947 | 1.16 | 216.9 | 6 165.6 | 6 867.6 | 7 930.0 | 1.15 |
| 6 500 | 2.4 | 0.6 | 212 | 6 164 | 7 347 | 7 447 | 1.01 | 216.9 | 6 165.6 | 7 367.6 | 7 430.0 | 1.01 |
| 7 000 | 2.4 | 0.6 | 212 | 6 164 | 7 847 | 6 947 | 0.89 | 216.9 | 6 165.6 | 7 867.6 | 6 930.0 | 0.88 |
| 7 500 | 2.4 | 0.6 | 212 | 6 164 | 8 347 | 6 447 | 0.77 | 216.9 | 6 165.6 | 8 367.6 | 6 430.0 | 0.77 |

3. 玉　米

玉米产量与氮肥（N）施肥量间的关系如图 3-3 所示。二者间的肥料效应函数方程为：

$$Y = -0.013X^2 + 16.452X + 12\,928 \left( R^2 = 0.991\,9, P < 0.01 \right) \qquad 3\text{-}26$$

式中，$Y$ 为玉米产量（kg/hm²），$X$ 为 N 施肥量（kg/hm²）。

根据肥料效应函数方程计算求得最高产量施肥量 $X_{max} = 632.8$ kg/hm²，对应最高产量 $Y_{max} = 18\,133$ kg/hm²。如果氮肥按尿素计算，其纯 N 含量均为 46%，尿素单价在 2.0 元/kg 左右，为方便计算纯 N 价格按 4.0 元/kg 计算。其他成本按 4 500 元/hm²、5 000 元/hm²、5 500 元/hm²、6 000 元/hm²、6 500元/hm²、7 000 元/hm² 和 7 500 元/hm² 计算。玉米价格 1.50 元/kg 计算。比较传统方法最佳经济产量和最高产量对应的经济效益状况。按传统最佳经济产量方法和最高产量方法计算得到的生产成本、利润和效益比列于表

3-9。由表 3-9 可知，最佳经济产量对应的效益比与最高产量对应的效益比相差不超过 0.03。二者相差极小，可以认为是相等的。这说明本文提出的观点是正确的。

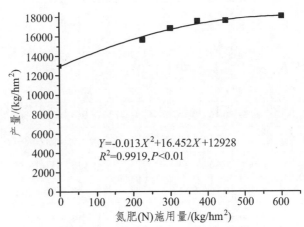

$$Y=-0.013X^2+16.452X+12928$$
$$R^2=0.9919,P<0.01$$

图 3-3　玉米产量与氮肥（N）施用量关系

注：图中数据引自赵靓等《氮肥用量对玉米产量和养分吸收的影响》，2014

表 3-9　基于肥料效应函数计算的传统最佳经济产量和
最高产量对应的玉米生产成本、利润和效益比

| 其他成本元/hm² | 玉米单价元/kg | 传统最佳经济产量法 | | | | | | 最高产量法 | | | | |
|---|---|---|---|---|---|---|---|---|---|---|---|---|
| | | $P_c/P_F$ | 最佳经济施肥量 | 产量 | 总成本 | 利润 | 效益比 | 施肥量 | 产量 | 成本 | 利润 | 效益比 |
| | | | kg/hm² | | 元/hm² | | | kg/hm² | | 元/hm² | | |
| 4 500 | 1.5 | 0.375 | 618 | 18 130 | 6 973 | 20 222 | 2.90 | 632.8 | 18 133 | 7 031 | 20 169 | 2.87 |
| 5 000 | 1.5 | 0.375 | 618 | 18 130 | 7 473 | 19 722 | 2.64 | 632.8 | 18 133 | 7 531 | 19 669 | 2.61 |
| 5 500 | 1.5 | 0.375 | 618 | 18 130 | 7 973 | 19 222 | 2.41 | 632.8 | 18 133 | 8 031 | 19 169 | 2.39 |
| 6 000 | 1.5 | 0.375 | 618 | 18 130 | 8 473 | 18 722 | 2.21 | 632.8 | 18 133 | 8 531 | 18 669 | 2.19 |
| 6 500 | 1.5 | 0.375 | 618 | 18 130 | 8 973 | 18 222 | 2.03 | 632.8 | 18 133 | 9 031 | 18 169 | 2.01 |
| 7 000 | 1.5 | 0.375 | 618 | 18 130 | 9 473 | 17 722 | 1.87 | 632.8 | 18 133 | 9 531 | 17 669 | 1.85 |
| 7 500 | 1.5 | 0.375 | 618 | 18 130 | 9 973 | 17 222 | 1.73 | 632.8 | 18 133 | 10 031 | 17 169 | 1.71 |

同时，深入分析发现，肥料效应函数计算的最高产量施肥量为

632.8 kg/hm$^2$，最高产量为 18 133 kg/hm$^2$。最佳经济施肥量为 618 kg/hm$^2$，对应的最佳经济产量为 18 130 kg/hm$^2$。如果按照每千克玉米籽粒产量需 0.025 7 kg 氮（N）计算，18 130 kg/hm$^2$ 和 18 133 kg/hm$^2$ 产量分别需 N465.9 kg/hm$^2$ 和 466.0 kg/hm$^2$。即 N 施肥量在 466.0 kg/hm$^2$ 时土壤养分收支平衡。这说明根据实测数据拟合方程在预测产量时可能存在一定的偏差。而如果将 466.0 kg/hm$^2$ 带入公式 3-26，其计算得到的产量为 17 772 kg/hm$^2$，与最高产量相差 361 kg/hm$^2$，相差不大。因此，在生产实践中建议根据近几年的产量状况预测最高产量，然后根据土壤养分收支平衡计算最高产量施肥量，避免产生肥料效应函数预测不正确的现象。

**4. 水 稻**

水稻产量与氮肥（N）施肥量间的关系如图 3-4 所示。二者间的肥料效应函数方程为：

$$Y = -0.045X^2 + 25.542X + 5\,502\left(R^2 = 0.986\,8, P < 0.01\right) \qquad 3\text{-}27$$

式中，$Y$ 为水稻产量（kg/hm$^2$），$X$ 为 N 施肥量（kg/hm$^2$）。

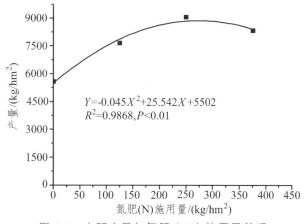

$Y=-0.045X^2+25.542X+5502$
$R^2=0.9868, P<0.01$

图 3-4 水稻产量与氮肥（N）施用量关系

注：图中数据引自周磅和文芬《不同氮、磷、钾肥施用量对水稻产量的影响》，2012

根据肥料效应函数方程计算求得最高产量施肥量 $X_{max}$ = 632.8 kg/hm$^2$，对应最高产量 $Y_{max}$ = 18 133 kg/hm$^2$。如果氮肥按尿素计算，其纯 N 含量均为 46%，尿素单价在 2.0 元/kg 左右，为方便计算纯 N 价格按 4.0 元/kg 计算。其他成本按 5000 元/hm² 计算。水稻价格分别按 1.6 元/kg、1.7 元/kg、1.8 元/kg、1.9 元/kg 和 2.0 元/kg 计算。比较最高产量和最佳经济产量对应的效益比计算值。两种方法计算得到的生产成本、利润和效益比列于表 3-10。由表 3-10 可知，最佳经济产量对应的效益比与最高产量对应的效益比仅仅高 0.01。即每 100 元收益仅仅相差 1 元。二者间的差值可以忽略不计。因此，最高产量和最佳经济产量对应的效益比是相等的。而且，根据肥料效应函数计算的最佳经济产量仅比最高仅仅产量低 1 或 2 kg/hm²。因此，最高产量与最佳经济产量是相等的。因此，本文观点正确。

表 3-10　基于肥料效应函数计算的最佳经济产量和
最高产量对应的水稻生产成本、利润和效益比

| 其他成本 元/hm² | 水稻单价 元/kg | 传统最佳经济产量法 | | | | | | 最高产量法 | | | | |
|---|---|---|---|---|---|---|---|---|---|---|---|---|
| | | $P_C/P_F$ | 最佳经济施肥量 | 产量 | 总成本 | 利润 | 效益比 | 施肥量 | 产量 | 成本 | 利润 | 效益比 |
| | | | kg/hm² | | 元/hm² | | | kg/hm² | | 元/hm² | | |
| 5 000 | 1.6 | 0.4 | 268.2 | 8 847 | 6 073 | 8 082 | 1.33 | 272.7 | 8 848 | 6 091 | 8 066 | 1.32 |
| 5 000 | 1.7 | 0.425 | 268.0 | 8 847 | 6 072 | 8 967 | 1.48 | 272.7 | 8 848 | 6 091 | 8 950 | 1.47 |
| 5 500 | 1.8 | 0.45 | 267.7 | 8 847 | 6 071 | 9 853 | 1.62 | 272.7 | 8 848 | 6 091 | 9 835 | 1.61 |
| 5 000 | 1.9 | 0.475 | 267.4 | 8 846 | 6 070 | 10 739 | 1.77 | 272.7 | 8 848 | 6 091 | 10 720 | 1.76 |
| 5 000 | 2.0 | 0.5 | 267.1 | 8 846 | 6 069 | 11 624 | 1.92 | 272.7 | 8 848 | 6 091 | 11 605 | 1.91 |
| 5 000 | 1.6 | 0.4 | 268.2 | 8 847 | 6 073 | 8 082 | 1.33 | 272.7 | 8 848 | 6 091 | 8 066 | 1.32 |
| 5 000 | 1.7 | 0.425 | 268.0 | 8 847 | 6 072 | 8 967 | 1.48 | 272.7 | 8 848 | 6 091 | 8 950 | 1.47 |

另外，进一步分析发现，肥料效应函数计算的最高产量施肥量为 272.7 kg/hm²，最高产量为 8 848 kg/hm²。最佳经济施肥量为 267.1 kg/hm² ~ 268.2 kg/hm²，对应的最佳经济产量为 8 846 kg/hm² ~ 8 848 kg/hm²。如果按照每千克水稻籽粒产量需 0.024 kg 氮（N）计算，8 848 kg/hm² 产量需 N212.4 kg/hm²。这与表 3-9 中玉米分析结果相似，即根据实测数据拟合方

程在预测产量时可能存在一定的偏差。而如果将 212.4 kg/hm$^2$ 带入公式 3-27，其计算得到的产量为 8 684 kg/hm$^2$，与最高产量相差 164 kg/hm$^2$，相差不大。同时，实测产量的最高值为 9 036 kg/hm$^2$，据此计算的土壤养分平衡施肥量为 216.94 kg/hm$^2$，与 212.4 kg/hm$^2$ 相差很小。因此，根据生产实际合理预测最高产量，然后根据最高产量确定土壤养分收支平衡施肥量是可行的，这样可以避免由于肥料效应函数预测不正确而导致施肥量过高的现象。

## 四、讨　论

之前的分析表明，由肥料效应函数计算的最佳经济产量与最高产量是相等的，最高产量和最佳经济产量对应的效益比也是相等的。因此，最佳经济施肥量等于最高产量施肥量。而且，本书第二章已经证明作物最高产量时土壤养分收支平衡，即最高产量施肥量等于土壤养分平衡施肥量。基于此，最高产量施肥量、土壤养分收支平衡施肥量、最佳产量施肥量三者是统一的。

尽管，由肥料效应函数计算的最佳产量和最高产量对应的效益比是相等的。但是，作物生产的经济效应一般应该是随施肥量的升高先升高再降低，那么在施肥量较低时其产量对应的效益比是否高于最高产量对应的效益比？以玉米生产为例，假设土壤基础产量为 6 000 kg/hm$^2$，最高产量为 12 000 kg/hm$^2$，每千克籽粒产量需 0.025 7 kg 氮（N）肥。根据公式 3-16、[3-17]、[3-18]、[3-19]计算肥料效应函数方程参数和最高产量施肥量。玉米价格按 1.50 元/kg 计算。氮肥按尿素计算，其纯 N 含量均为 46%，尿素单价在 2.0 元/kg 左右，为方便计算纯 N 价格按 4.0 元/kg 计算，除氮肥外的其他成本按 5 400 元/hm$^2$。则施肥量 0 kg/hm$^2$ ~ 340 kg/hm$^2$ 区间范围内按 20 kg/hm$^2$ 幅度逐渐增加，计算并对比不同施肥量对应产量的效益比和最高产量的效益比。详见结果见表 3-11。

由表 3-11 可知，最高效益比为 1.76，其对应的施肥量为 240 kg/hm$^2$ ~

260 kg/hm$^2$ 区间，产量在 11 705 kg/hm$^2$ ~ 11 852 kg/hm$^2$ 区间。最高产量对应的效应比为 1.71，与最高值 1.76 相差不大。而且，最高产量施肥量为 308 kg/hm$^2$，远高于 240 kg/hm$^2$ 和 260 kg/hm$^2$。根据第二章的分析，在最高产量施肥量时土壤养分收支平衡。而在本例中，尽管 240 kg/hm$^2$ ~ 260 kg/hm$^2$ 区间施肥量经济效益比最高，但其产量所需的 N 肥数量为 300.8 kg/hm$^2$ ~ 304.6 kg/hm$^2$。此时的供肥量是不足的，土壤氮素养分亏损在 50 kg/hm$^2$ 左右。因此，这种方式是不可持续的。而且，最高产量对应的效益比较最高效益比仅仅低 0.05，二者相差很小。因此，最高产量的经济效益也是很高的（表 3-11）。所有，应该按最高产量施肥量进行施肥，确保土壤养分收支平衡，确保达到高产、高效、生态平衡相统一的可持续发展的目标。

表 3-11 基于肥料效应函数计算的不同施肥量和
最高产量施肥量对应的玉米生产成本、利润和效益比

| 其他成本元/hm$^2$ | 玉米单价元/kg | 传统最佳经济产量法 | | | | | | 最高产量法 | | | | |
|---|---|---|---|---|---|---|---|---|---|---|---|---|
| | | $P_c/P_F$ | 最佳经济施肥量 | 产量 | 总成本 | 利润 | 效益比 | 施肥量 | 产量 | 成本 | 利润 | 效益比 |
| | | | kg/hm$^2$ | | 元/hm$^2$ | | | kg/hm$^2$ | | 元/hm$^2$ | | |
| 5 400 | 1.5 | 0.375 | 0 | 6 000 | 5 400 | 3 600 | 0.67 | 308 | 6 634 | 12 000 | 6 634 | 1.71 |
| 5 400 | 1.5 | 0.375 | 20 | 6 753 | 5 480 | 4 649 | 0.85 | 308 | 6 634 | 12 000 | 6 634 | 1.71 |
| 5 400 | 1.5 | 0.375 | 40 | 7 455 | 5 560 | 5 623 | 1.01 | 308 | 6 634 | 12 000 | 6 634 | 1.71 |
| 5 400 | 1.5 | 0.375 | 60 | 8 108 | 5 640 | 6 521 | 1.16 | 308 | 6 634 | 12 000 | 6 634 | 1.71 |
| 5 400 | 1.5 | 0.375 | 80 | 8 709 | 5 720 | 7 344 | 1.28 | 308 | 6 634 | 12 000 | 6 634 | 1.71 |
| 5 400 | 1.5 | 0.375 | 100 | 9 260 | 5 800 | 8 090 | 1.39 | 308 | 6 634 | 12 000 | 6 634 | 1.71 |
| 5 400 | 1.5 | 0.375 | 120 | 9 761 | 5 880 | 8 761 | 1.49 | 308 | 6 634 | 12 000 | 6 634 | 1.71 |
| 5 400 | 1.5 | 0.375 | 140 | 10 211 | 5 960 | 9 357 | 1.57 | 308 | 6 634 | 12 000 | 6 634 | 1.71 |
| 5 400 | 1.5 | 0.375 | 160 | 10 611 | 6 040 | 9 876 | 1.64 | 308 | 6 634 | 12 000 | 6 634 | 1.71 |
| 5 400 | 1.5 | 0.375 | 180 | 10 960 | 6 120 | 10 320 | 1.69 | 308 | 6 634 | 12 000 | 6 634 | 1.71 |
| 5 400 | 1.5 | 0.375 | 206 | 11 339 | 6 224 | 10 784 | 1.73 | 308 | 6 634 | 12 000 | 6 634 | 1.71 |
| 5 400 | 1.5 | 0.375 | 220 | 11 507 | 6 280 | 10 981 | 1.75 | 308 | 6 634 | 12 000 | 6 634 | 1.71 |
| **5 400** | **1.5** | **0.375** | **240** | **11 705** | **6 360** | **11 197** | **1.76** | **308** | **6 634** | **12 000** | **6 634** | **1.71** |
| **5 400** | **1.5** | **0.375** | **260** | **11 852** | **6 440** | **11 338** | **1.76** | **308** | **6 634** | **12 000** | **6 634** | **1.71** |
| 5 400 | 1.5 | 0.375 | 280 | 11 949 | 6 520 | 11 404 | 1.75 | 308 | 6 634 | 12 000 | 6 634 | 1.71 |
| 5 400 | 1.5 | 0.375 | 300 | 11 996 | 6 600 | 11 393 | 1.73 | 308 | 6 634 | 12 000 | 6 634 | 1.71 |
| 5 400 | 1.5 | 0.375 | 320 | 11 992 | 6 680 | 11 307 | 1.69 | 308 | 6 634 | 12 000 | 6 634 | 1.71 |
| 5 400 | 1.5 | 0.375 | 340 | 11 937 | 6 760 | 11 146 | 1.65 | 308 | 6 634 | 12 000 | 6 634 | 1.71 |

另外，在生产实践中或以往的研究中，存在最高产量施肥量（$X_{max}$）与生态平衡肥量（$X_b$）相差较大的情况。这主要是试验或生产中施肥量过高导致的，例如表 3-9 中的 $X_{max} = 632.8$ kg/hm$^2$ 明显高于 466.0 kg/hm$^2$。这说明有时施肥量不当会导致拟合的肥料效应函数与实际情况不符。因此，在实践中应该根据最高产量直接计算 $X_{max}$。如果拟合肥料效应函数，则可以根据基础产量和最高产量进行推算，即肥料效应方程表达式为：

$$Y = aX^2 + bX + Y_B \qquad\qquad 3\text{-}28$$

式中，$Y$ 为作物产量，$X$ 为施肥量，$a$、$b$ 为经验常数，$Y_B$ 为基础产量。其中，$a$、$b$ 可以通关计算获得：

$$\begin{cases} -\dfrac{b}{2a} = kY_{max} & \qquad 3\text{-}29 \\[2mm] Y_{max} = Y_B - \dfrac{b^2}{4a} & \qquad 3\text{-}30 \end{cases}$$

式中，$Y_{max}$ 为最高产量，$k$ 为单位作物产量的养分吸收量。联合公式 3-28、[3-29]和[3-30]得到肥料效应函数的表达式为：

$$Y = -\frac{Y_{max} - Y_B}{\left(kY_{max}\right)^2}X^2 + \frac{2\left(Y_{max} - Y_B\right)}{kY_{max}}X + Y_B \qquad\qquad 3\text{-}31$$

因此，根据基础产量和最高产量即可确定肥料效应函数。而在生产实践中，当栽培措施稳定后，常年连续栽培的作物产量基本维持恒定，因此，可以根据多年生产的作物产量确定最高产量，进而确定最高产量施肥量（$X_{max}$）即生态平衡施肥量（$X_b$）。

# 五、小　结

本章对传统的肥料效应函数进行了分析，指出了计算最佳经济施肥量存在的困难与问题，即作物单价的不确定性和肥料成本占总成本比例较低两方面因素，提出了最高产量施肥量等于最佳经济施肥量的观点，使用棉花、小麦、玉米和水稻 4 类作物的相关数据进行验证分析，结果表明，在土壤养分输入等于输出即施肥量等于作物养分吸收量时，最高产量与最佳经济产量相等，而最高产量施肥量也近似等于最佳经济施肥量，基于上述试验数据支撑，我们可以得出最佳经济施肥量等于最高产量施肥量、最高产量等于最佳经济产量这一诊断。同时，第二章已经证明最高产量等于土壤养分平衡平衡产量。因此，作物最高产量、最佳经济产量和土壤养分平衡产量是相一致的，即最高产量施肥量、最佳经济施肥量和土壤养分收支平衡施肥量三者也是相一致的。因此，生产实践中使用最高产量施肥量，既可以获得最高产量又可以实现经济效益最大化和土壤养分输入输出生态平衡。因此，采用最高产量施肥法，能够实现产量和效益最大化与生态平衡有机结合与统一。

# 第四章
# 限制因子律的应用——培肥土壤

前三章的理论分析表明，根据最高产量确定施肥量，能够维持土壤养分收支平衡即生态平衡，同时可以保证经济效益最大化。因此，在生产实践中高产、高效和生态平衡是相互统一的。据此，在生产中关注高产即可。那么，如何实现高产？

根据限制因子律，提高产量必需解除限制产量增加的抑制因素。现阶段，化学肥料的使用能够快速提升和改善土壤速效养分的含量与比例，因此，养分状况已经不是限制作物高产的首要因子。

根据土壤肥力的概念，作物生长发育需要土壤提供水分、养分、空气和热量。因此，除养分因素外，土壤的水分状况、空气和热量情况均能影响作物产量。土壤水分、空气和热量等因素可以统称为土壤物理性质。除此之外，土壤的酸碱性、盐分含量的情况也会影响作物生产和产量，这些因素通常称为土壤化学性质。因此，除养分情况为，土壤理化性质也是影响作物产量的关键因素。改善土壤理化性质，提升土壤的基础肥力即培肥土壤是提升作物产量的根本途径。

## 一、土壤培肥的判断指标

土壤物理性质的改良可以提高土壤水分有效性、改良土壤通气和热量情况。目前，国际上通常采用土壤物理质量参数 $S$ 来表征和判断土壤物理性质的优劣情况（Dexter and Czyż，2007）。土壤物理质量参数（$S$）分级与土壤物理质量状况、作物生长状况和土壤限制因素的对应关系见表4-1。

表 4-1　土壤物理质量参数（$S$）与物理性质、作物生长情况和限制因素对应表

| $S$ 分级 | 土壤物理质量状况 | 作物生长情况 | 土壤限制因素 |
|---|---|---|---|
| ≥0.05 | 优 | 优 | 无 |
| 0.05～0.035 | 良 | 良 | 无或通气不足 |
| 0.035～0.02 | 差 | 差 | 通气不足、机械阻力 |
| <0.02 | 极差 | 极差 | 通气不足、有效水分不足、机械阻力 |

注：表中 $S$ 分级标准引自 Dexter and Czyż《Applications of S-theory in the study of soil physical degradation and its consequences》，2007。

改善土壤物理性质的方法很多，如深松深耕、施用有机肥、种植绿肥、田间结构改良剂等。物理性质改良的最终目标是提升土壤物理质量参数（$S$）。因此，如何快速准确的测定 $S$ 是实践工作中的重点与难点。

土壤物理质量参数 $S$ 的计算公式为（Dexter，2004）：

$$S = \frac{1}{1-m}\left(1+\frac{1}{m}\right)^{-1-m}\left(w_s - w_r\right) \qquad 4\text{-}1$$

式中，$m$ 为土壤水分特征曲线 van Genuchten 模型（van Genuchten，1980）的参数，$w_s$ 和 $w_r$ 别为饱和含水量和残余含水量（kg/kg）。因此，获取土壤水分特征曲线 van Genuchten 模型（van Genuchten，1980）的参数 $m$ 是计算 $S$ 的关键。

土壤水分特征曲线 van Genuchten 模型（van Genuchten，1980）参数 $m$ 的计算公式为：

$$m = \frac{\ln\left(w_s - w_r\right) - \ln\left(w_{mc} - w_r\right)}{\ln(2)} \qquad 4\text{-}2$$

式中，$w_{mc}$ 为土壤毛管持水量（kg/kg）。

土壤毛管断裂含水量与饱和含水量的关系方程可以表示为：

$$w_{mc} = n_1 + n_2 w_s \qquad 4\text{-}3$$

式中，$n_1$ 和 $n_2$ 为经验常数，其二者均为小于零的正数。近似计算时，可将 $n_1$ 看作等于 $w_r$。例如，土壤在容重为 1.0 g/cm³、1.1 g/cm³、1.2 g/cm³、1.3 g/cm³、

1.4 g/cm³、1.5 g/cm³、1.6 g/cm³ 时，其对用的 $w_s$ 分别为 0.508 7 kg/kg、0.436 9 kg/kg、0.389 8 kg/kg、0.342 8 kg/kg、0.293 073 kg/kg、0.263 1 kg/kg 和 0.245 7 kg/kg。则毛管持水量和饱和含水量的关系如图 4-1 所示。

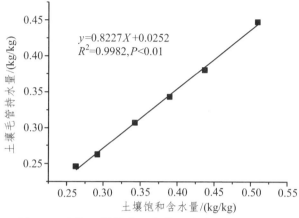

图 4-1　土壤毛管持水量与饱和含水量（$S$）关系

根据毛管断裂含水量与饱和含水量的关系方程：

$$w_{mc} = 0.025\,2 + 0.822\,7 w_s \qquad\qquad 4\text{-}4$$

土壤残余含水量为 0.025 2 kg/kg。然后，根据公式 4-2 计算得到 m，再根据公式 4-1 计算得到 $S$。而 $S$ 与土壤容重的关系如图 4-2 所示。

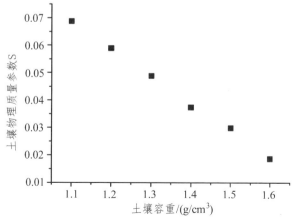

图 4-2　土壤物理质量参数随容重变化关系

由图 4-2 可知，土壤物理质量参数 $S$ 随容重的增加而降低，即容重升高土壤物理质量下降。因此，降低土壤容重能够改善土壤物理质量状况。这样生产实践是相符合的。

土壤物理质量变好，即 $S$ 升高能够提升土壤水分有效性。土壤水分有效性是指土壤水分能否被植物吸收利用及其难易程度（关连珠，2007）。一般情况，土壤水分有效性的上限含水量为田间持水量（$w_{FC}$），下限含水量为毛管断裂含水量（$w_{RC}$）。其中，$w_{FC}$ 和 $w_{RC}$ 的计算公式分别为：

$$w_{FC} = \left(1 + \frac{1}{m}\right)^{-m} (w_s - w_r) + w_r \qquad\qquad 4\text{-}5$$

$$w_{RC} = \left[1 + \frac{3m + 1 + \sqrt{5m^2 + 6m + 1}}{2m^2}\right]^{-m} (w_s - \theta_r) + w_r \qquad 4\text{-}6$$

土壤有效水分区间的计算公式为：

$$\theta_\Delta = D_b \left(w_{FC} - w_{RC}\right) \qquad\qquad 4\text{-}7$$

式中，$\theta_\Delta$ 为土壤水分有效区间（$cm^3/cm^3$），$D_b$ 为土壤容重（$g/cm^3$）。例如，本例土壤的水分有效区间与 $S$ 的关系如图 4-3 所示。由图 4-3 可知，土壤水分有效性随土壤物理质量参数的提高而提升。

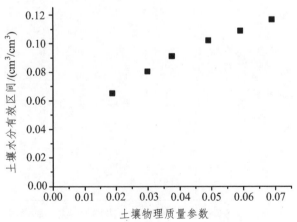

图 4-3　土壤水分有效区间与土壤物理质量参数关系

土壤通气性的计算公式为：

$$\theta_{air} = 1 - \frac{D_b}{2.65} - D_b w_{FC} \qquad\qquad 4\text{-}8$$

式中，$\theta_{air}$ 为土壤通气孔度（$cm^3/cm^3$）。本例中，其与 $S$ 的关系如图 4-4 所示。

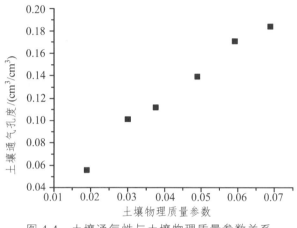

图 4-4　土壤通气性与土壤物理质量参数关系

如图 4-4 所示，土壤通气孔度随土壤物理质量参数的升高而增加。因此，随着 $S$ 的升高，土壤通气性和水分有效性均能得到改善。另外，土壤通气性增加说明土壤大孔隙数量增加，土壤变得疏松，进而其对作物根系的机械阻力将减小。因此，土壤总体物理质量提升有利于作物生长和作物增产。

## 二、实例分析

本例以新疆盐渍土为例，分析土壤结构改良剂聚丙烯酰胺（Polyacrylamide，缩写为 PAM）对土壤物理性质的影响。从而进一步推断其对作物产量的影响。PAM 是一种外观为白色、无味、无毒的高分子化合物。PAM 常常被用作土壤结构改良剂（王小彬等，2000），具有良好的改良效果。其主要功能为提高土壤团聚体数量（曹丽花等，2008）和稳定性（王维敏等，1994）、降低土壤容重（韩凤朋等，2010）、改善通气性（员学锋等，2005）、入渗性能（于健等，2010）和保水能力（杨永辉等 2007）。

1. 材料与方法

（1）土壤含盐量的测定。

供试土样为沙壤土。取 20 克土样，放入 500ml 三角瓶中，加入 100ml 蒸馏水，摇匀 3 分钟，过滤，得到滤液。用电导率仪测定滤液电导率（$EC_{1:5}$）。计算土壤含盐量，公式为：

$$S_t\left(g\cdot kg^{-1}\right)=4.0\times EC_{1:5}\left(mS\cdot cm^{-1}\right)$$ 4-9

式中，$S_t$（$g\cdot kg^{-1}$）为土壤含盐量，$EC_{1:5}$（$mS\cdot cm^{-1}$）为土水比 1：5 浸提液电导率。测定结果为，$EC_{1:5}$ 为 1.75 $mS\cdot cm^{-1}$，根据公式 4-9 计算土壤的 $S_t$ 为 7.0 g/kg。根据新疆土壤盐度分级标准供试土样为中度盐土。

（2）土壤田间持水量的测定。

按土壤 PAM 含量分别为 0.0 mg/kg、100 mg/kg、200 mg/kg、300 mg/kg、400 mg/kg 和 500 mg/kg 的用量向土壤添加 PAM。按容重 1.25 将 125 g 土样装入 100 cm³ 体积的环刀。使用威尔科克斯法测定土壤田间持水量（$w_{FC}$）。每个处理重复 6 次。

（3）土壤水分有效性的计算。

测定 $w_{FC}$ 后，按公式 4-1 计算参数 $m$：

$$\frac{w_{FC}-0.05}{w_s-0.05}=\left(1+\frac{1}{m}\right)^{-m}$$ 4-10

然后按照公式 4-6 和 4-7 分别计算 $w_{RC}$ 和 $\theta_\Delta$。

（4）土壤溶液电导率（$EC_s$）的推算。

土壤溶液电导率（$EC_s$）采用间接近似推算方法计算，计算公式为：

$$EC_s\left(mS/cm\right)=\frac{5}{w}EC_{1:5}\left(mS/cm\right)$$ 4-11

式中，$EC_s$（mS/cm）为毛管水断裂量对应的电导率，$w$ 为土壤含水量（g/kg），$EC_{1:5}$（mS/cm）为土水比 1：5 浸提液电导率。

## 2. 结果与分析

（1）PAM 对田间持水量和有效水分区间的影响。

PAM 对盐渍土土壤田间持水量的影响见图 4-5。由图 4-5 可见，使用 PAM 后盐渍土的田间持水量较对照明显增加。当 PAM 添加量从 0.00 mg/kg 增加到 200 mg/kg 时，土壤田间持水量从 0.313 7 kg/kg 增加到 0.379 8 kg/kg，较对照增加 21.06%。由此可见，盐渍土使用 PAM 后能够明显提高土壤田间持水量。

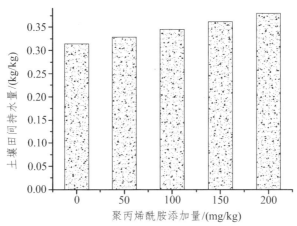

图 4-5 聚丙烯酰胺对盐渍土田间持水量的影响

如图 4-6 所示，土壤水分有效性也随聚丙烯酰胺田间路的增加而升高。

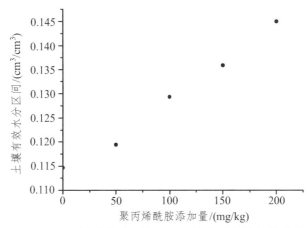

图 4-6 聚丙烯酰胺对盐渍土田土壤水分有效性的影响

因此，施用聚丙烯酰胺能够明显提升土壤物理性质。聚丙烯酰胺添加量与土壤物理质量参数间的关系见图 4-7。即施用聚丙烯酰胺能够明显提高土壤物理质量参数。

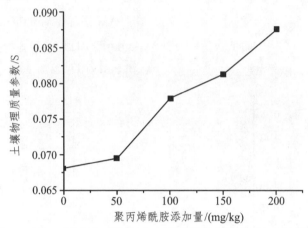

图 4-7　聚丙烯酰胺对盐渍土土壤物理质量参数（$S$）的影响

（2）PAM 对土壤溶液电导率（$EC_s$）的影响。

根据公式 4-11，以土壤田间持水量对应的溶液电导率作为土壤溶液电导率。土壤溶液电导率随 PAM 添加量的变化情况见图 4-8。由图 4-8 可知，随着 PAM 添加量的增加，$EC_s$ 逐渐降低。当 PAM 添加量由 0.00 mg/kg 增加到 200 g/kg 时，土样 $EC_s$ 分别由 27.89 mS/cm 降低到 23.04 mS/cm。

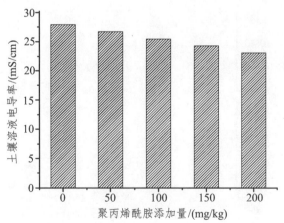

图 4-8　聚丙烯酰胺对盐渍土溶液电导率的影响

## 3. 讨　论

本研究的试验结果表明：盐渍化土壤施用 PAM 后能够提高土壤田间持水量。这与以前的发表的研究结果相一致。例如，员学峰等研究表明，田间施用 PAM 0.5、1.0 和 1.5 g/m² 时，田间持水量较不使用 PAM 的对照分别增加了 0.74%，1.17% 和 1.76%（员学锋等，2005）。PAM 能够提高土壤田间持水量的原因是因为它水中溶解后，分子同土壤颗粒间相互作用，促进颗粒絮凝，形成了大体积的团絮状结构（员学锋等，2005），从而改善土壤孔隙分布状态，增加了毛管孔隙度，因此土壤田间持水量增加。

田间持水量的增加意味着土壤易效水区间的增加。由于土壤毛管断裂含水量又被称为生长阻滞点，其是指作物刚刚开始受到水分胁迫时的土壤含水量，因此，其较萎蔫系数更适合作为土壤水分有效区间的下限值。因此，土壤易效水分区间更适合反映土壤水分有效性。盐渍化土壤添加 PAM 后土壤易效水分区间增大，说明土壤水分有效性增加。

另外，添加 PAM 使土壤田间持水量增大，必然使土壤溶液盐分浓度降低，即土壤溶液电导率下降，进而提高土壤溶液水势，使作物更容易从土壤中吸收水分，即提升土壤水分有效性。因此，添加 PAM 可以从土壤基质势和溶质势两方面提高土壤水分有效性。

土壤水分有效性的提高必然能过提高作物产量。假设该土壤种植作物为棉花，根据世界粮农组织（FAO）的资料，棉花相对产量与土壤溶液电导率（$EC_s$）的关系如图 4-9 所示。二者的线性回归方程为：

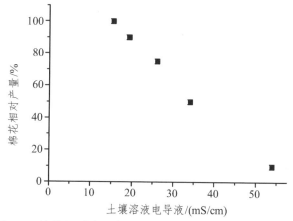

图 4-9　棉花相对产量与土壤溶液电导率（$EC_{ss}$）的关系

$$Y(\%) = 100 - 2.348(EC_s - 15.4)(\text{mS/cm})\qquad\text{4-12}$$

式中，$Y$ 为棉花相对产量。

本文中，根据公式 4-12，计算得到不同 PAM 添加量时对应的棉花相对产量，详见图 4-10。由图 4-10 可知，当 PAM 添加量由 0.00 mg/kg 增加到 200 mg/kg 时，棉花相对产量由 70.67% 增加到 82.06%。因此，盐渍土施用 PAM 可以降低盐害，提高作物产量。

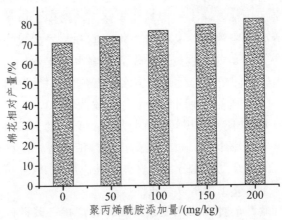

图 4-10　聚丙烯酰胺添加量对棉花相对产量的影响

## 4. 结　论

本研究表明，盐渍土施用 PAM 后能够提高土壤田间持水量，增加土壤易效水含量。土壤持水能力的增强，含水量的提高，进而可以稀释土壤溶液盐分，促使土壤溶液盐分浓度降低，进而进一步提高土壤水分有效性，最终减轻土壤盐害。本文的试验结果和理论推算证明了上述论断。因此，在盐渍土农业生产中，在兼顾成本与效益的前提下，可以适当使用 PAM，这样既可以改善土壤持水性，提高水分利用效率，同时又能一定程度缓解盐害，提高作物产量。

# 三、小　结

现阶段的农业栽培技术和施肥措施能够快速供给及调控作物生长发育所需的速效养分，因此，矿物质营养已经不是现在作物生产与高产的首要因素。土壤理化性质成为限制作物高产的关键因素。因此，合理地进行土壤培肥，改善土壤物理和化学性质，解除影响作物高产的限制因素是提高作物产量的必然选择。

# 第五章
# 作物施肥基本原理在棉花上的应用

作物施肥原理在生产实践中应用的核心问题是确定施肥量。通过前 3 章的论述,我们已知作物最高产量施肥量、最佳经济施肥量和土壤养分收支平衡施肥量三者是相等的。因此,在确定施肥量时只需确定最高产量的需肥量即可。本章以棉花施用氮肥为例,对前述分析的作物施肥基本原理进行实例验证。

## 一、试验方案

试验分小区试验和大田试验两部分。其中,每个小区试验中,土地面积为 20 $m^2$,共计 5 个处理,其施氮(N)量分别为 0 kg/hm$^2$、75 kg/hm$^2$、150 kg/hm$^2$、225 kg/hm$^2$、300 kg/hm$^2$。由于前茬棉杆全部还田,其归还的 N、$P_2O_5$ 和 $K_2O$ 量分别约为 120 kg/hm$^2$、30 kg/hm$^2$ 和 150 kg/hm$^2$。因此,小区试验各处理的总施氮量分别为 120 kg/hm$^2$、195 kg/hm$^2$、270 kg/hm$^2$、345 kg/hm$^2$ 和 420 kg/hm$^2$。小区试验 $P_2O_5$ 和 $K_2O$ 的化肥施用量分别为 100 kg/hm$^2$ 和 150 kg/hm$^2$,即小区试验总的磷($P_2O_5$)和钾($K_2O$)施用量分别为 130 kg/hm$^2$ 和 300 kg/hm$^2$。试验 4 次重复。施用肥料类型分别为尿素(含 N 46%)、重过磷酸钙(含 $P_2O_5$ 46%)和颗粒硫酸钾(含 $K_2O$ 40%)。

大田试验面积为 0.5hm$^2$。田棉花产量近 3 年籽棉产量在 7000 kg/hm$^2$ 左右。因此,确定棉花最高产量为 7000 kg/hm$^2$ 籽棉。按 100 kg 籽棉需氮(N)5.0 kg、磷($P_2O_5$)1.8 kg、钾($K_2O$)4.0 kg 计算,最高产量施氮(N)、磷

（$P_2O_5$）、钾（$K_2O$）分别为 350 kg/hm²、126 kg/hm² 和 280 kg/hm²。除去棉杆还田的氮（N）、磷（$P_2O_5$）、钾（$K_2O$），则使用化肥氮（N）、磷（$P_2O_5$）、钾（$K_2O$）水量分别为 130 kg/hm²、116 kg/hm² 和 130 kg/hm²。

试验田土壤质地为沙壤土，表层 0～20 cm 容重为 1.31 g/cm³，有机质含量为 10.8 g/kg，速效氮含量为 74.3 mg/kg，有效磷含量为 12.4 mg/kg，速效钾含量为 146 mg/kg，全盐量为 1.3 g/kg。试验中氮（N）、磷（$P_2O_5$）、钾（$K_2O$）基肥与追肥比例分别为 4∶6、4∶6 和 7∶3。棉花采用膜下滴灌栽培模式。一膜 6 行种植方式，行距为 12 cm + 66 cm + 12 cm + 66 cm + 12 cm，株距 15 cm，播种密度 25 万株/hm² 左右，收获密度在 22.5 万株/hm² 左右。小区试验不同施肥处理采用文丘里吸肥器进行。

棉花收获期（10 月下旬）在每试验小区选取生长发育一致的棉株 3 株，杀青（105 ℃）30 min 后，然后在 80 ℃ 烘至恒量，测定生物量。然后，样品粉碎，测定全氮含量（凯氏定氮法）。

## 二、相关指标计算方法

$$氮肥利用率 = \frac{施氮区吸氮量 - 不施氮区吸氮量}{氮肥施用量} \times 100\% \qquad 5\text{-}1$$

$$养分有效率 = \frac{作物养分吸收量 + 土壤养分吸收量}{养分施入量} \times 100\% \qquad 5\text{-}2$$

## 三、结果与分析

### 1. 化肥施用量对棉花产量的影响

小区试验，籽棉产量化与肥氮施用量关系如图 5-1 所示。由图可见，随着化肥氮施用量的增加，籽棉产量先升高后降低。这符合作物产量与肥料施用量相互关系的一般性规律。

图 5-1 说明，棉花产量存在一个最高值，当产量超过最高值后，进一步

施肥并不能再提高产量。试验实测的最高产量为 6974.3 kg/hm$^2$，其对应的化肥氮施用量为 225.0 kg/hm$^2$。如果建立化肥氮施用量（$X$）与籽棉产量（$Y$）的肥料效应方程，则其关系式为：

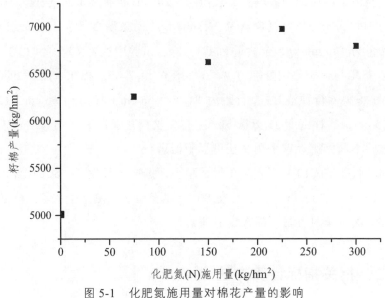

图 5-1　化肥氮施用量对棉花产量的影响

$$Y = -0.036\,4X^2 + 16.632X + 5067.7 \qquad\qquad 5\text{-}3$$

由公式 5-3 计算得到的最高产量为 6967.6 kg/hm$^2$，其对应的最高产量施肥量为 228.5 kg/hm$^2$。

## 2. 氮肥施用量对肥料利用率的影响

肥料利用率随氮肥施用量的变化关系见图 5-2。由图可知，随着氮肥施用量的增加，肥料利用率逐渐下降。并且，在化肥氮施用量为 75 kg/hm$^2$ 和 150 kg/hm$^2$ 时，肥料利用率分别为 105.3% 和 103.3%。二者均超过 100%，单纯从化肥氮吸收的角度出发，这是不合理的。产生这样现象的原因是，试验田除施用化肥氮素外还进行了棉杆还田，棉杆归还的氮素为 120 kg/hm$^2$。这种情况下，式 5-1 计算时将来源于秸秆还田的氮素当做了化肥氮素，因此，产生了不合理的计算结果。这进一步说明，肥料利用率计算公式存在一定错误。

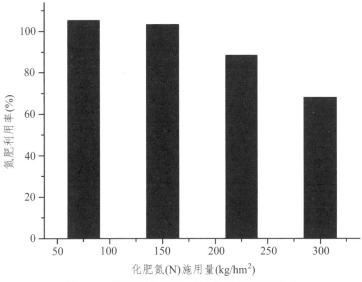

图 5-2　化肥氮施用量对肥料利用率的影响

### 3. 氮素施用量对养分有效率的影响

养分利用率随氮素施用量的变化情况见表 5-1。氮素养分有效率按公式 5-2 计算。需要说明的是，就本试验而言，公式 5-2 中的肥料养分含量应该包括化肥氮素养分含量和棉杆还田的氮素养分含量，即表 5-1 中的氮素输入

表 5-1　氮素施用量对养分有效性的影响

| 化肥氮素施用量（kg/hm²） | 土壤初始速效氮含量（mg/kg） | 棉花收获后土壤速效氮含量（mg/kg） | *土壤速效氮变化量（kg/hm²） | 氮素输入量（kg/hm²） | 棉花氮素吸收量（kg/hm²） | 肥料养分有效率（%） |
|---|---|---|---|---|---|---|
| 0 | 74.3 | 64.6 | −25.6 | 120 | 228 | 102.0 |
| 75 | 74.3 | 62.7 | −30.6 | 195 | 287 | 100.7 |
| 150 | 74.3 | 60.4 | −36.7 | 270 | 309 | 98.6 |
| 225 | 74.3 | 72.7 | −4.2 | 345 | 347 | 99.4 |
| 300 | 74.3 | 96.3 | 58.08 | 420 | 342 | 95.3 |

*按 20 cm 土壤深度计算。

量。另外，本试验的棉花氮素吸收量为实测值，土壤养分吸收量按 0 ~ 20 cm 土壤养分变化量计算，即表 5-1 中的土壤速效氮变化量。由表 5-1 可知，不同氮素施用量对用的肥料养分有效率均在 100% 左右。按养分有效率的定义：输入土壤的养分中被作物吸收和土壤吸收的养分数量占输入量的比例，如果养分没有发生损失，则有效率应该为 100%。本试验中，养分有效率在 100% 左右，这说明养分有效率的概念是正确的。同时，养分有效率并不完全等于 100%，但其相差率不足 5%，这可能是由于测定误差导致的，也可能是养分损失造成的。

### 4. 最佳经济产量与最高产量关系

本试验中，除氮肥外，其他成本包括种子、农药、化肥（磷、钾）、地膜、滴灌带、机械、水电等方面费用，这些费用都是固定的，约为 18 000 元/hm²，称为固定成本。氮素成本按 4.0 元/kg 计算，籽棉价格按 6.0 元/kg ~ 8.0 元/kg 波动，则籽棉价格与氮素成本比值在 1.5 ~ 2.0 区间变化。传统最佳经济产量法和最高产量法计算的棉花生产成本、利润和效益比见表 5-2。由表 5-2 可知，最高产量与最佳经济效益产量所对应的效益比是相等的。因此，最高产量可以看作是最佳经济效益产量。

表 5-2 传统最佳经济产量法和最高产量法计算的棉花生产成本、利润和效益比

| | 传统最佳经济产量法 | | | | | 最高产量法 | | | |
|---|---|---|---|---|---|---|---|---|---|
| $P_C/P_F$ | 最佳经济施肥量 | 最佳经济产量 | 成本 | 利润 | 效益比 | 最高产量 (kg/hm²) | 成本 | 利润 | 效益比 |
| | kg/hm² | | 元/hm² | | | | 元/hm² | | |
| 2.0 | 201.0 | 6 940.1 | 18 804.0 | 55 520.9 | 1.95 | 6 967.6 | 18 914.0 | 55 740.8 | 1.95 |
| 1.9 | 202.4 | 6 942.8 | 18 809.5 | 49 988.1 | 1.66 | 6 967.6 | 18 914.0 | 50 166.7 | 1.65 |
| 1.8 | 203.7 | 6 945.3 | 18 814.9 | 47 228.3 | 1.51 | 6 967.6 | 18 914.0 | 47 379.7 | 1.51 |
| 1.7 | 205.1 | 6 947.7 | 18 820.4 | 44 465.5 | 1.36 | 6 967.6 | 18 914.0 | 44 592.6 | 1.36 |
| 1.6 | 206.5 | 6 950.0 | 18 825.9 | 41 700.0 | 1.22 | 6 967.6 | 18 914.0 | 41 805.6 | 1.21 |
| 1.5 | 207.9 | 6 952.1 | 18 831.4 | 41 712.8 | 1.22 | 6 967.6 | 18 914.0 | 41 805.6 | 1.21 |

*$P_C/P_F$=棉花单价/养分肥料(N)单价，效益比=利润/成本

## 5. 养分输入输出关系

小区试验氮素养分输入量与输出量的关系见图 5-3。由图 5-3 可知，氮素养分输出量随养分输入量的增加而增加。值得注意的是，图 5-3 中的氮素养分输入量为化肥氮素与棉杆还田氮素总和。输入量（X）与输出量（Y）间的关系方程为：

$$Y = -0.0014X^2 + 1.152X + 111.24 \qquad\qquad 5\text{-}4$$

根据式 5-4 计算得到的养分输入输出平衡时的氮素输入量为 342.8 kg/hm$^2$，除去棉杆还田的 120 kg/hm$^2$ 氮素，化肥氮素输入量为 222.8 kg/hm$^2$，即生态平衡施肥量为 222.8 kg/hm$^2$。而根据方程 5-3 计算得到的最高产量施肥量为 228.5 kg/hm$^2$。因此，生态平衡施肥量与最高产量施肥量相差 5.7 kg/hm$^2$，可以认为二者是相等的。同时，当施肥量为 222.8 kg/hm$^2$ 时，根据方程 5-3 其对应的产量为 6966.4 kg/hm$^2$，与最高产量 6967.6 kg/hm$^2$ 仅仅相差 1.2 kg/hm$^2$，二者可以认为是相等的。所以生态平衡产量与最高产量是相等的。

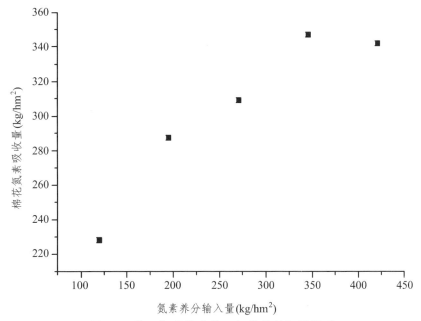

图 5-3　棉田氮素养分输入与棉花吸氮量关系

大田试验籽棉产量为 7 063 kg/hm$^2$，与目标产量非常接近，即该产量可以看作是最高产量。其氮素吸收量为 348 kg/hm$^2$，与氮素输入量 345 kg/hm$^2$基本相等。这说明使用本书提出的最佳经济产量施肥量、生态平衡施肥量和最高产量施肥量三者相等理论是正确的，在生产实践中按最高产量施肥量进行施肥是可行的。

## 三、讨论与结论

本试验结果表明，使用养分有效率计算公式得到的计算结果接近100%，说明输入土壤的氮素几乎完全被土壤和棉花吸收，尽管试验结果并不是完全等于100%，这可能是由于试验测定误差造成的。本试验结果证明本书提出的养分有效率的观点是正确的。

本试验结果表明，采用传统方法计算的最佳经济产量对应的效益比，与最高产量对应的效益比相等，这说明最高产量时能够获得最佳经济效益，而且，传统方法计算的最佳经济产量与最高经济产量相差很小，相差范围在 15.5 kg/hm$^2$ ~ 27.5 kg/hm$^2$ 之间，相差比例不超过 0.5%，因此，二者可以认为是相等的。因此本书提出的"最高产量等于最佳经济产量，最高产量施肥量即为最佳经济产量施肥量"的观点是正确的。

对养分输入与输出关系分析表明，当土壤氮素输入量等于棉花氮素吸收量时，其对应的籽棉产量为 6 962.1 kg/hm$^2$，与最高产量 6 967.6 kg/hm$^2$几乎相等，同时，土壤养分收支平衡施肥量（化肥）等于 222.8 kg/hm$^2$，最高产量施肥量（化肥）等于 228.5 kg/hm$^2$，二者相差不大，可以认为是相等的。因此，本书提出的生态平衡施肥量即土壤养分收支平衡施肥量等于最高产量施肥量的观点是正确的。这也说明生态平衡产量与最高产量是相等的。

由于最高产量、最佳经济产量和生态平衡产量是相等的。因此，在生产实践中，按最高产量需肥量进行施肥即可。而最高产量可以根据农田近几年的产量进行判断。本研究试验田近 3 年的籽棉产量在 7 000 kg/hm$^2$ 左右，即该田块的最高籽棉产量可以认为是 7 000 kg/hm²。按每 100 kg 籽棉需氮 5.0 kg 计算，则最高产量 N 素需肥量为 350 kg/hm²。由于棉杆还田的氮素为 120 kg/hm²，因此，实际的化肥氮素施用量为 230 kg/hm²。而最终实际籽棉产量为 7 063 kg/hm²，与最初的目标产量相近。因此，本书提出的"最高产量、最佳经济产量和生态平衡产量是相等的"的观点是正确的，在生产实践中使用最高产量需肥量作为施肥量是正确的。

# 参考文献

[ 1 ] 蔡祖聪，钦绳武. 华北潮土长期试验中的作物产量、氮肥利用率及其环境效应[J]. 土壤学报，2006，（06）：885-891.

[ 2 ] 曹丽花，赵世伟，梁向锋，等. PAM 对黄土高原主要土壤类型水稳性团聚体的改良效果及机理研究[J]. 农业工程学报，2008，124（01）：45-49.

[ 3 ] 陈波浪，盛建东，蒋平安，等. 磷肥种类和用量对土壤磷素有效性和棉花产量的影响[J]. 棉花学报，2010，22（01）：49-56.

[ 4 ] 董合林，李鹏程，刘敬然，等. 钾肥用量对麦棉两熟制作物产量和钾肥利用率的影响[J/OL]. 植物营养与肥料学报，2015，21（05）：1159-1168.

[ 5 ] 付小勤，原保忠，刘燕，等. 钾肥施用量和施用方式对棉花生长及产量和品质的影响[J]. 农学学报，2013，3（02）：6-11+16.

[ 6 ] 关连珠. 基础土壤学. 北京：中国农业大学出版社. 2007.

[ 7 ] 韩凤朋，郑纪勇，李占斌，等. PAM 对土壤物理性状以及水分分布的影响[J]. 农业工程学报，2010，26（04）：70-74.

[ 8 ] 何景友，安景文，刘慧颖，等. 兴城地区土壤钾素状况及施钾肥对玉米的影响[J]. 杂粮作物，2003，（02）：109-110.

[ 9 ] 惠晓丽，王朝辉，罗来超，等. 长期施用氮磷肥对旱地冬小麦籽粒产量和锌含量的影响. 中国农业科学，2017，（16）：3175-3185.

[10] 雷万钧，赵宏伟，辛柳，等．钾肥施用量对寒地粳稻不同穗位籽粒灌浆过程和产量的影响[J]．中国土壤与肥料，2015，（05）：37-43．

[11] 李鹏程，董合林，刘爱忠，等．施氮量对棉花功能叶片生理特性、氮素利用效率及产量的影响[J]．植物营养与肥料学报，2015，21（01）：81-91．

[12] 李书田，邢素丽，张炎，等．钾肥用量和施用时期对棉花产量品质和棉田钾素平衡的影响．植物营养与肥料学报，2016，22（01）：111-121．

[13] 刘涛，魏亦农，雷雨，等．氮素水平对杂交棉氮素吸收、生物量积累及产量的影响[J]．棉花学报，2010，22（06）：574-579．

[14] 刘淑霞，吴海燕，赵兰坡，等．不同施钾量对玉米钾素吸收利用的影响研究[J]．玉米科学，2008，（04）：172-175．

[15] 陆欣，谢英荷．土壤肥料学（第2版）．北京：中国农业大学出版社．2011．

[16] 宋大利，习向银，黄绍敏，等．秸秆生物炭配施氮肥对潮土土壤碳氮含量及作物产量的影响[J]．植物营养与肥料学报，2017，23（02）：369-379．

[17] 孙海霞，王火焰，周健民，等．长期定位试验土壤钾素肥力变化及其对不同测钾方法的响应[J]．土壤，2009，41（02）：212-217．

[18] 王火焰，周健民．肥料养分真实利用率计算与施肥策略[J]．土壤学报，2014，51（02）：216-225．

[19] 王小彬，蔡典雄．土壤调理剂 PAM 的农用研究和应用[J]．植物营养与肥料学报，2000，04：457-463．

[20] 王维敏．中国北方旱地农业技术[M]．北京：中国农业出版社，1994.155-166．

[21] 吴梅菊，刘荣根．磷肥对小麦分蘖动态和产量的影响[J]．江苏农业科学，1998，（01）：48-49，57．

[22] 杨永辉，武继承，赵世伟，等. PAM 的土壤保水性能研究[J]. 西北农林科技大学学报（自然科学版），2007，207（12）：120-124.

[23] 姚洪军，宋存宇. 不同磷肥施用量对水稻产量的影响[J]. 北方水稻，2017，47（02）：31-32.

[24] 于健，雷廷武，I. Shainberg，等. 不同 PAM 施用方法对土壤入渗和侵蚀的影响[J]. 农业工程学报，2010，26（07）：38-44.

[25] 员学锋，汪有科，吴普特，等. PAM 对土壤物理性状影响的试验研究及机理分析[J]. 水土保持学报，2005，19（02）：37-40.

[26] 詹其厚，张效朴，王泽新，等. 氮肥对小麦产量和品质的影响及其肥效研究[J]. 安徽农业科学，2003，（04）：544-545.

[27] 张立花，张辉，黄玉芳，等. 施磷对玉米吸磷量、产量和土壤磷含量的影响及其相关性[J]. 中国生态农业学报，2013，21（07）：801-809.

[28] 张麦生，宋小顺，岳丽霞. 新乡市优质小麦施用磷肥对产量和品质的影响[J]. 河南职业技术师范学院学报，2004，（01）：9-11.

[29] 赵靓，侯振安，黄婷，等. 氮肥用量对玉米产量和养分吸收的影响. 新疆农业科学，2014，51（02）：275-283.

[30] 赵靓，侯振安，李水仙，等. 磷肥用量对土壤速效磷及玉米产量和养分吸收的影响[J]. 玉米科学，2014，22（02）：123-128.

[31] 赵萍萍，王宏庭，郭军玲，等. 氮肥用量对夏玉米产量、收益、农学效率及氮肥利用率的影响[J]. 山西农业科学，2010，38（11）：43-46，80.

[32] 郑重，赖先齐，邓湘娣，等. 新疆棉区秸秆还田技术和养分需要量的初步估算[J]. 棉花学报，2000，（05）：264-266.

[33] 曾勇军，石庆华，潘晓华，等. 施氮量对高产早稻氮素利用特征及产量形成的影响[J]. 作物学报，2008，（08）：1409-1416.

[34] 周磊，文芬. 不同氮、磷、钾肥施用量对水稻产量的影响[J]. 耕作与栽培，2012，（03）：47，49.

[35]　中国乡村发现. http://www.zgxcfx.com/sannongzixun/85102.html

[36]　AYERS R.S., WESTCOT D.W. Water quality for agriculture. Rome：Food and Agriculture Organization of the United Nations. 1985.

[37]　DEXTER A.R., CZYŻ, E.A., 2007. Applications of S-theory in the study of soil physical degradation and its consequences. Land. Degrad. Dev. 18, 369-381.

[38]　Van GENUCHTEN M.T., 1980. A closed-form equation for predicting the hydraulic conductivity of unsaturated soils. Soil Sci. Soc. Am. J. 44, 892-898